生态城乡与绿色建筑研究丛书
国家自然科学基金重点项目
李保峰 主编

Rural Homestay Location Planning
for Wuling Mountain Area in West Hubei

鄂西武陵山区
民宿选址布局研究

王通 毛颖俊 宋阳 著

华中科技大学出版社
http://www.hustp.com
中国·武汉

图书在版编目(CIP)数据

鄂西武陵山区民宿选址布局研究/王通,毛颖俊,宋阳著.—武汉:华中科技大学出版社,
2020.10
(生态城乡与绿色建筑研究丛书)
ISBN 978-7-5680-6532-0

Ⅰ.①鄂…　Ⅱ.①王…　②毛…　③宋…　Ⅲ.①山区-旅馆-选址-布局-研究-湖北
Ⅳ.①TU247.4

中国版本图书馆 CIP 数据核字(2020)第 183109 号

鄂西武陵山区民宿选址布局研究
Exi Wuling Shanqu Minsu Xuanzhi Buju Yanjiu　　　　王　通　毛颖俊　宋　阳　著

策划编辑:金　紫
责任编辑:金　紫　彭霞霞
责任校对:周怡露
封面设计:王　娜
责任监印:朱　玢
出版发行:华中科技大学出版社(中国·武汉)　　　电话:(027)81321913
　　　　　武汉市东湖新技术开发区华工科技园　　　邮编:430223
录　　排:华中科技大学惠友文印中心
印　　刷:湖北新华印务有限公司
开　　本:710mm×1000mm　1/16
印　　张:12
字　　数:203 千字
版　　次:2020 年 10 月第 1 版第 1 次印刷
定　　价:78.00 元

前　言

　　武陵山区是我国土家族乡村聚落的聚居地，其独特的自然环境和民族文化造就了一方风土。鄂西武陵山区下辖恩施土家族苗族自治州八个县市和宜昌市的秭归县、五峰土家族自治县和长阳土家族自治县，得益于该地域的高海拔优势，乡村避暑经济成了该地域乡村发展的内生动力。于是，民宿应运而生。

　　鄂西武陵山区民宿的发展呈现出自发属性，归因于避暑经济的内生动力和全域旅游的发展导向。在短短十年内，民宿数量从寥寥可数发展到数以万计，但民宿品质参差不齐，民宿相关产业发展混乱，如何在一个地域合理规划民宿的选址布局成了鄂西武陵山区民宿产业发展的首要问题。另外，民宿选址问题一直都是依据主观判断，并不能定量客观地描述民宿选址和使用后评价之间的内在联系，也就无法真正地指导一个地域的民宿及相关产业发展。再者，民宿样本的选取是基于POI数据来进行分析研究的，研究方法略显简单，如果想精细化探讨不同空间的民宿情况，需要构建更为完备的模型库。基于此，本研究通过德尔菲法和多元回归分析方法定量探索了鄂西武陵山区的民宿选址影响因子，并以利川市和野三关地区为例来构建和模拟论证民宿选址逻辑和流程的合理性和可实施性。民宿选址方法的确定和评估共识的建立，让政府部门看到了改造传统乡村聚落的依据和方向，为民宿产业带的分布和构建提供了理论依据。

　　民宿发展及产业带动是鄂西武陵山区旅游产业发展的新动能，如何将民宿转化成集住宿、文化传播、遗产保护、生态旅游、非遗传承于一体的综合民宿产业体系是地域发展的重头戏，也是民宿相关研究领域拓展的重要方向。

　　声明：本书在著作过程中使用了部分图片，在此向这些图片的版权所有者表示诚挚的谢意！由于客观原因，我们无法联系到您，如您能跟我们取得联系，我们将在第一时间更正任何错误或疏漏。

目　　录

上卷　鄂西武陵山区民宿发展分析

第1章　民宿发展概况 ……………………………………………… （3）

1.1　民宿的定义及发展脉络 …………………………………… （5）

1.2　民宿管理政策 ……………………………………………… （11）

1.3　民宿分类及产业链发展 …………………………………… （14）

1.4　民宿的乡土文化内涵 ……………………………………… （19）

1.5　民宿案例评述 ……………………………………………… （21）

第2章　鄂西武陵山区民宿发展分析 …………………………… （31）

2.1　全域旅游视角下的鄂西武陵山区民宿发展背景 ………… （33）

2.2　鄂西武陵山区民宿发展的基础条件 ……………………… （36）

2.3　鄂西武陵山区民宿类型和发展特征 ……………………… （44）

2.4　鄂西武陵山区民宿发展问题和需求 ……………………… （48）

下卷　鄂西武陵山区民宿选址预测模型构建及应用

第3章　民宿选址基础问题及研究 ……………………………… （65）

3.1　民宿选址的相关文献综述 ………………………………… （67）

3.2　设施选址方法 ……………………………………………… （68）

3.3　GIS技术在选址中的应用 ………………………………… （74）

第4章　民宿选址影响因素分析 ………………………………… （83）

4.1　德尔菲法的理论启示 ……………………………………… （84）

4.2　民宿选址因素的梳理 ……………………………………… （86）

4.3　民宿选址意向问卷设计 …………………………………… （89）

4.4 咨询过程及结果分析 ……………………………… （91）

第5章 民宿选址预测模型构建 ………………………… （97）

5.1 多元回归分析方法介绍 ……………………………… （99）

5.2 利川市民宿样本数据集的构建 …………………… （105）

5.3 基于利川市民宿样本数据的选址回归分析 …………… （115）

第6章 民宿选址预测模型应用——以野三关地区为例 ……… （125）

6.1 野三关地区民宿数据集的搜集 …………………… （127）

6.2 野三关地区现有民宿选址适宜性验证 …………… （134）

6.3 野三关地区民宿选址预测及建议 ………………… （139）

第7章 结语 ………………………………………………… （149）

7.1 全文总结 ………………………………………… （150）

7.2 民宿发展思考 …………………………………… （151）

7.3 展望 ……………………………………………… （153）

附录 民宿建筑设计专辑 …………………………… （155）

上卷

鄂西武陵山区
民宿发展分析

第 1 章　民宿发展概况

随着乡村旅游的发展,民宿作为一种区别于城市酒店的非标准化住宿设施开始在乡村地区兴起。如图 1-1 所示,近十年以来,"民宿"概念不断被人们广泛提起,尤其是 2016 年之后,"民宿"搜索指数一度超过"酒店"的搜索指数,成为旅游者在旅行过程中的重要住宿选择,民宿已经成为一种重要的旅游吸引物。

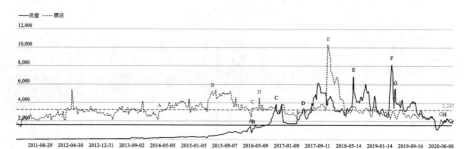

图 1-1　2011—2020 年"民宿"与"酒店"搜索指数对比分析

本章旨在通过对民宿进行多视角的解读,建立对民宿的立体认知。针对业界和学界对民宿概念认知不统一的问题,本章第 1 节从民宿的定义入手,横向对比民宿与标准住宿业的本质区别,提炼民宿概念的核心内涵,梳理民宿的发展演变过程;纵向对比分析民宿在演变过程中的不同概念形态,总结如今民宿的基本特征。在此基础之上,本章第 2 节从民宿管理政策切入,整理民宿规范化管理的相关政策脉络,明确民宿的发展方向;政府对民宿旅游的控制力度和管理导向,对民宿旅游经营模式的选择、功能定位和产业融合发展具有重大影响。因此,本章第 3 节重点介绍民宿经营模式与功能类型,继而剖析民宿与相关产业链的融合发展的可行性,提出民宿产业融合的路径方向;产业是乡村发展的基础,但文化才是乡村长远发展的灵魂,民宿作为一种可以体现当地文化特色的旅游符号[1]，既契合了乡村旅游消费从侧重使用价值的消费开始走向对符号和象征意义的消费的发展趋势，也为我们提供了新的切入点。按此思路，本章第 4 节从多重视角审视和思考民宿的乡土文化内涵。本章第 5 节采用具体案例针对上述内容进行评述。

1.1　民宿的定义及发展脉络

1.1.1　民宿的定义

对民宿概念进行界定和对民宿本质的探究是深入研究民宿的基础。由于地域文化差异及民宿的发展形态不同，民宿形成的源头不一，不同学者及相关文件对民宿概念的基础认识不统一，民宿相关定义如表 1-1 所示。

表 1-1　民宿相关定义

学者/相关文件	定义
Jackie Clarke	民宿是住宿产品，并且可以提供给使用者体验旅游环境的服务[2]
Dallen J. Timothy	民宿是建在乡村环境中的为游客提供住宿与餐饮服务的旅舍，旅游者通过入住民宿，可以了解当地居民的日常生活与当地文化[3]
中国台湾"民宿管理办法"	民宿是利用自用住宅的空闲房间，结合当地人文、自然景观、生态、环境资源及农林渔牧生产活动，以家庭副业方式经营，提供旅客乡野生活的住宿处所[4]
国家文化和旅游部《旅游民宿基本要求与评价》	民宿是利用当地闲置资源，民宿主人参与接待，为游客提供体验当地自然、文化与生产生活方式的小型住宿设施

续表

学者/相关文件	定义
李德梅、邱枫和董朝阳	民宿是私人将其一部分居室出租给游客,以"副业方式"经营的住宿设施,通常只有较少的住宿容量,产权所有人自行经营,并有特别的活动提供给游客[5]

虽然学界和业界对民宿的概念内涵还未形成统一的认知,但从本质而言,民宿是为旅游者提供深度体验类的家庭空间,强调主客互动及多界面接触当地文化和生活方式的住宿选择[6]。基于以上认知,本文对民宿定义如下:民宿指根植于当地乡土环境、由经营者对居住建筑进行适当改造、对游客开放住宿服务并且配套其他旅游相关服务的住宿场所,并且游客能够借助民宿这个平台深度接触当地自然风貌、民俗文化、旅游资源等。

民宿是一种非标准化住宿产品,它与传统的酒店以及线下租赁公寓等标准住宿业存在很多不同。通过横向对比民宿与标准住宿业典型代表——酒店(表1-2),我们可以总结出民宿有别于标准住宿业的核心价值——民宿不仅能够为游客提供基础的住宿服务,同时还具备人性化与人情化交流的特点[7]。从市场运作方式来看,酒店运营是一种纯粹的商业运作行为,而民宿的经营者更多承担了营造家庭氛围、交流当地特色文化、传递自身价值观念的作用,民宿的属性相较于酒店更为多元化,功能存在更多的可能性。在空间发展模式和服务形式方面,民宿不同于酒店的高度集约化建设发展和提供专业化服务的市场行为,具有房源数量少且分散、提供个性化服务等特点[8](图1-2)。分析民宿与酒店之间的差异,可以帮助我们更好地了解民宿的独特价值,加深我们对民宿概念的认知。

表 1-2 民宿与酒店的区别

比较项目	民宿	酒店
经营方式	主要以家庭副业经营方式为主	专业化经营
使用空间	将家庭空余的房间进行出租或整体出租	专业经营的住宿空间
客房数量	较少,一般为家庭自用空间单元数量	较多,没有明确数量限定

续表

比较项目	民宿	酒店
所在地区	一般为乡村地区或风景区	无特定地区
与环境的关系	结合周边自然资源和人文资源,体现当地乡土特色	较少利用周边资源
与周边社区的关系	与所在地的居民、团体有较强的互动性	一般无互动性
硬件设施	简单,有些设施可主客共用	较多,且专业化及标准化
服务人员	家庭主人或管家服务,注重主与客的互动交流,体现家庭味和温馨感	专业服务人员进行专业化服务
服务项目	较少,注重在地性体验	较多

(a) 凤凰厝民宿

(b) 酒店

图 1-2　民宿和酒店对比图

1.1.2　民宿的发展脉络

有学者认为,民宿起源于 19 世纪 60 年代的英国,当时以家庭式的招待方式接待游客。还有学者认为,民宿起源于日本,是由一些登山、滑雪、游泳等爱好者租借民居而衍生并发展起来的[9]。

国内民宿起步最早的是台湾地区。在 20 世纪 80 年代末,台湾地区为了解决农业经济危机,开始推动休闲农业经济形式的发展,民宿在此环境背

景下发展起来。2001 年台湾地区正式出台"民宿管理办法",对乡村民宿的建设规模、申请登记条件、管理监督及经营者等做出法律规定,乡村民宿发展也逐渐正规化、产业化[10]。我国大陆地区的民宿的发展主要分为萌芽、发展和拓展升级三个阶段,随着经济社会的不断发展,民宿概念内涵也在不断地演化[11]。表 1-3 对大陆地区民宿的发展阶段从概念类型、重点区域、性质和发展特点等方面对民宿发展的三大阶段进行诠释。

(1)民宿最早出现在 20 世纪 80 年代,农家乐和家庭旅馆是民宿出现的早期形态,第一批农家乐在都江堰青城山一带,当地农民利用自家的农房,为外来的游客提供简单的住宿和餐饮服务。20 世纪 80 年代中期,家庭旅馆兴起于住宿设施较少的旅游小城镇,一些农户提供房间给游客居住,拥有简单的家具、电器设备,以及厨房和卫生设施[12]。农家乐和家庭旅馆兴起的发展逻辑极为相似——乡村观光旅游的兴起,是二者共同的发展背景[13],从功能定位来看,它们均为顺应市场需求而出现的旅游或住宿的替代品。

(2)从 20 世纪 90 年代至 21 世纪初期,民宿有了长足的发展,出现了客栈、民宿等有别于上一阶段的新的概念形态。客栈由来已久,在古代指供来往客人歇息的场所。如今客栈作为一个提供食宿的场所的性质没有改变,增加的是其中蕴含的文化内涵。客栈是地方文化和风土人情的承载,丽江、大理、鼓浪屿的客栈甚至成为一种文化现象和"文艺"的代名词[8]。进入 21世纪以来,随着我国经济的不断发展和城市化的加剧,城市居民渴望走进乡村,体验自然风光,乡村旅游逐渐成为热潮,于是民宿成为这一发展阶段的主要类型,其主要依托特色建筑和古城、古镇等作为发展区域,强调个性化、特色化风格,注重游客的个人体验。

(3)2010 年以后,民宿逐渐向个性化和精品化的方向发展,莫干山民宿是这一民宿发展趋势的真实写照。起步之初,莫干山民宿是服务江浙沪地区的人群,使得久居城市的人们能够亲近自然,获得短暂的休憩和调整。随着乡村旅游的模式不断升级,民宿旅游作为一种更为高级的旅游模式,开始改变旅游者对民宿的认知。例如旅游者并非为了去莫干山旅游而选择民宿,而是因为选择了民宿而去莫干山。民宿以其独特吸引力逐渐占据了莫干山旅游者体验需求的主导地位,呈现出集群化和高端化发展的新模式。

表 1-3　大陆地区民宿发展的三大阶段

发展阶段	概念类型	重点区域	性质	发展特点
20 世纪 80 年代(萌芽阶段)	农家乐、家庭旅馆	丽江、大理、北戴河	纯住宅补充	主要由村民经营,规模较小,承担住宿及餐饮功能
20 世纪 90 年代至 21 世纪初期(发展阶段)	客栈、民宿	鼓浪屿、丽江、大理、北戴河、阳朔等	客栈提供食宿,带有文艺价值;民宿以特色体验为主	客栈依托旅游地,具备地域特色、专业人士可以参与经营管理;民宿依托景区发展,选址很重要,呈现品牌化发展、个性化凸显,由经营者与投资者经营
2010 年以后(拓展升级阶段)	民宿度假区域、精品民宿等	丽江、大理、北戴河、北京、阳朔、厦门、杭州、苏州	群体行为目的地吸引,专项精品化、特色化的打造	呈现集群式发展,形成区域发展,在地文化交融,出现同质化问题,多种投资方式经营

纵观大陆地区民宿的发展,是一个从农家乐到精品民宿的不断演化的过程,目前呈现出朝着追求农村生活方式的传统民宿和个性化民宿两个方向发展的态势。农家乐是萌芽阶段的主要类型,其发展区域有限,多由村民自发经营,还未具备产业链形态;民宿度假区域是民宿拓展升级阶段的主要类型,呈现区域快速拓展和多元发展以及品牌化、精品化、连续化趋势,出现了电商进军民宿行业的现象。通过纵向对比分析民宿在不同时期的概念形态与特征(表 1-4),有助于我们更好地理解民宿的发展脉络。

表 1-4　农家乐、家庭旅馆、客栈与民宿不同时期的概念形态的纵向对比①

类型	起源	概念形态	特征	代表
农家乐	20世纪80年代	以餐饮为主，住宿、娱乐、购物为辅	①利用自家院落及周边自然生态环境、农村生活等资源吸引城市居民；②在农村或城郊进行的旅游经营形式	刘庄紫云观农家乐
家庭旅馆	20世纪90年代	住宿	①旅游基础设施与管理相对较弱，价格低；②城市、景郊位置居多	西安叶子家庭旅馆
客栈	20世纪90年代	以住宿为主，向食、宿、游、娱多功能发展	①多依附古城、名镇，以文化体验为主；②具有当地特色	丽江古城客栈
民宿	21世纪	为游客提供住宿，并配套餐饮或娱乐、休闲体验等综合服务的旅游经营单位	①本地或外来经营者利用具有乡土气息和地域特色的乡村旅舍进行开发；②采用多种经营方式	德清县莫干山精品民宿

　　农家乐、家庭旅馆、客栈和民宿四者形式和特点类似(图 1-3)。农家乐多通过改造自家院落进行经营；家庭旅馆基础设施相对缺乏；客栈多依附人文资源进行营造；民宿从早期的农家乐不断演化，形成了服务功能完善的民宿产业。

(a) 农家乐　　　　(b) 家庭旅馆　　　　(c) 客栈　　　　(d) 民宿

图 1-3　农家乐、家庭旅馆、客栈和民宿的实景图

---

① 具体来源：《国内外民宿旅游研究进展》。

1.2　民宿管理政策

随着民宿发展模式的不断演变与人们对民宿认知的日趋成熟,民宿发展逐渐深化到规范化管理阶段。依据政策制定的机关级别,可将民宿管理政策划分为国家政策和地方政策两个层面。国家政策主要是从管理规范、基本要求等方面对我国民宿业发展给出了指导性意见,对民宿行业的健康发展具有重大意义。地方政策则依据地域特点和实际情况,对民宿发展进行了规范化的约束或者引导,从长远看,这一举措亦有利于地方民宿的健康发展。

在国家政策的制定上,民宿的规范化管理离不开一个宏观的政策支持环境,例如中共中央办公厅和国务院办公厅《关于农村土地征收、集体经营性建设用地入市、宅基地制度改革试点工作的意见》决定在全国选出若干个市、县行政区域进行试点。《中共中央、国务院关于落实发展新理念加快农业现代化实现全面小康目标的若干意见》鼓励支持民宿发展,《旅游绿皮书:2016—2017 年中国旅游发展分析与预测》中建议各地探索合理合法、高效一体的民宿行业管理政策。旅游行业标准《旅游民宿基本要求与评价》在市场准入方面,强调民宿经营者必须依法取得当地政府的相关证明,进一步明确旅游民宿的定义与规模,明确了不同等级旅游民宿的划分条件,为国内各省、市民宿的申报路径提供了标准,为旅游民宿等级品质提供了透明化的市场监督基础。这些政策的颁布和实施,促进了民宿规范和标准的深化发展,二者相辅相成,形成了一个良性循环的政策支撑与促进机制。在民宿规范化管理的制度探索方面,国家文化和旅游部公布了《文化主题旅游饭店基本要求与评价》《旅游民宿基本要求与评价》等 4 项行业标准,其中,《旅游民宿基本要求与评价》规定了旅游民宿的定义、评价原则、基本要求、管理规范和等级划分条件。这一系列标准的制定和施行标志着我国民宿行业发展走上了标准化道路。

　　在地方政策及标准制定方面,《乡村民宿服务质量等级划分与评定》是全国首个民宿地方标准规范,规定了旅游民宿的术语和定义、基本要求、等级划分等。这一标准有利于对现有乡村民宿发展经验进行推广,引导民宿科学发展与品质化经营,带动乡村民宿产业大发展,促进农村产业结构调整、农村环境优化,促使农民增收。广东省政府发布了《广东省民宿管理暂行办法》,以省级层面出台政府规章性文件的形式,全面系统地对民宿的开办条件与程序、经营规范、监督管理及法律责任等作出明确规定,这在全国属于首创,具有一定的示范意义。《大理市乡村民宿客栈管理办法(试行)》对于民宿的管理在乡村方面,主要关注乡村的生态,严格划定禁止开发区域。表1-5对全国现行的地方民宿管理政策进行梳理,发现地方政策在发展方向上与国家政策大体相符,在具体内容上强调实用性和可行性。以云南省为例,当地政府针对地域特色制定关于乡村民宿管理办法和古镇民宿管理办法,部分内容按照地方特点加以制定,具有鲜明的地域特色。

表 1-5　地方民宿管理政策汇总一览表

地区	政策名称	主要内容
云南	《大理市乡村民宿客栈管理办法(试行)》	乡村民宿客栈的建筑面积不超过450平方米,建筑总层数不超过3层,建筑总高度不超过12米,单栋建筑的客房不超过14间(套)
	《腾冲市和顺古镇民宿管理办法(试行)》	通过表彰奖励促进发展。结合民宿授牌评级工作,对授牌"和顺民宿"的,根据评定等级给予表彰奖励和相关政策扶持
浙江	《浙江民宿蓝皮书》	蓝皮书对旅游民宿作出明确定义:利用当地闲置资源,民宿主人参与接待,为游客提供体验当地自然、文化与生产生活方式的小型住宿设施,包括但不限于客栈、庄园、宅院、驿站、山庄等

续表

地区	政策名称	主要内容
浙江	《苍南县民宿管理办法》	民宿的经营规模,单栋房屋客房数量不得超过 18 间,建筑层数原则上不超过 4 层(不做居住、住宿经营用途的顶楼、阁楼、地下室不计层数),总建筑面积原则上不超过 1000 平方米
	《泰顺县民宿管理办法》	对通过审批并正式营业的民宿,给予资金补助。补助金额分 3 档,通过后期打分,分别给予每间客房 4000、8000、10000 元的补助
四川	《成都市民宿管理办法(征求意见稿)》	民宿单栋房屋客房数不超过 14 个标准间(或单间),建筑层数不超过 4 层,建筑总面积不超过 800 平方米。城市小区住宅改民宿,经有利害关系的业主同意后,可放宽市场准入
福建	《平潭综合实验区旅游民宿管理办法(试行)》	对消防安全、卫生安全等进行指导和规范,明确旅游民宿的办证程序。被授予"平潭民宿"铭牌后,将纳入旅游民宿库,分级统一管理
广东	《广东省民宿管理暂行办法》	"放宽市场准入、加强事中事后监管"的提法,体现了广东对新业态"放管服"的改革思路
广西	《广西旅游民宿评定实施办法》	推进住宿行业标准化发展
山东	《济南市民宿管理办法》	本办法所称民宿,是指利用当地闲置资源,经有关部门批准开业,以盈利为目的,为游客提供体验当地自然、文化与生产生活方式的小型住宿设施

1.3 民宿分类及产业链发展

1.3.1 民宿经营模式与功能类型

民宿的发展模式复杂多样,从经营方式方面进行分类,可以分为个体经营和合作经营两大类。个体经营的民宿又可分为主业经营和副业经营两种,这两种经营模式的区别在于是否将经营民宿作为家庭的主要产业。家庭副业经营型将经营民宿作为家庭的副业,房屋主人将闲置房间独立运营,游客可以深度融入原住民家庭的生活场景之中。家庭主业经营型民宿以经营民宿作为家庭主业,民宿的建筑载体一般是专门新建或经过改造的建筑,原住民与民宿客房之间相互独立,相比于副业经营型民宿,房间格局、数量及配套设施都更加满足游客的需求,原住民和游客的舒适性与私密性都能得到保证[14]。合作经营的民宿,按照民宿的投资主体的构成类型可以划分为"公司+农户""农户+农户""政府+农户""公司+社区+农户""政府+公司+社区+农户"5种模式。

1. "公司+农户"模式

"公司+农户"模式是指由公司牵头,吸纳当地居民参与民宿旅游的经营与管理,并对民宿业主的接待服务进行规范,实施统一管理,充分利用农户闲置的资产、富余的劳动力、多样的农事活动来丰富旅游活动,向游客展示真实的乡村文化,宣传当地资源文化。公司主要负责旅游地设施建设与维护,对外营销宣传,吸引游客,公司与农户互为依托,共同促进旅游业发展与当地文化的保护,促进经济增长。

2. "农户+农户"模式

"农户+农户"模式是指在民宿旅游发展初期,当地居民通过经营民宿取得了成功,形成了良好的示范作用,带动其他民宿也加入进来,从而形成的民宿旅游经营模式。这种模式的优点就是可以为游客提供真实的旅游体验，可以满足游客入住民宿的初衷。但这种民宿模式，通常难以形成产业，带有一定的市场自发性，服务标准难以规范且经营规模较小。

3. "政府＋农户"模式

"政府＋农户"模式是由政府统一引导，大力支持当地居民参与旅游活动。当地居民直接利用或改造自家房屋，用于开发民宿。当地政府为民宿开发提供一定的基础保障，如建设基础设施等，同时制定民宿经营规范，进行市场监管、市场协调。农户独自经营或合户经营，促进民宿经营者不断开发新的旅游产品，形成特色，不仅能增加就业机会、利用闲置资源、促进当地经济发展，还可以促进当地特色资源与文化的传承。

4. "公司＋社区＋农户"模式

在这种模式中，公司有两种组织形式，一种是社区外的旅游公司或者开发民宿旅游的公司，另一种是由村委会成立的乡村旅游公司，由村委会决定旅游公司的管理结构和经营方向。"公司"负责民宿旅游的经营管理业务，包括基础设施建设、营销宣传、接待并分配游客、监督服务和产品质量、培训民宿旅游业户及定期与业户结算等工作。"社区"一般是指作为社区代表的村委会，或者是当地的农家乐旅游协会。在这个社区中，由农家乐旅游经营业户参加，村委会决定村内有关农家乐旅游开发的重大事宜，负责与旅游公司的沟通与协作，村委会还应任命并考核、监督旅游公司管理人员，审查账务等。"农户"是指参与农家乐旅游经营的农户个体单元，也称"业户"。农户在接受公司的培训后，在公司的安排分配下接待游客，并接受公司和村委会的监督，其经营所得须和公司及社区进行进一步的分配[12]。

5. "政府＋公司＋社区＋农户"模式

在这种模式中，政府负责基础设施建设与维护，以及制定民宿经营规范与相关政策。旅游公司在获得当地政府授权后，与社区（如居委会）合作，动员居民参与旅游开发，由旅游公司统一管理，社区辅助管理。居民通过接受旅游公司的统一培训，学习一定的理论知识和技能，参与民宿经营与相关旅游活动，由旅游公司统一支付薪水。这种模式充分考虑了各个主体的作用，

在实践中能挖掘出当地的文化特色及原汁原味的文化氛围,可以为游客提供较高质量的旅游体验。其次,这种模式的分配方式也会相对公平,可以为模式中的各主体创造经济利益。第三,这种模式在发展旅游业的同时,为村寨传统文化的传承和保护提供了经济保障。同时,通过地方艺术演出和当地特色工艺的制作和销售,在创造经济利益的同时也传承和发扬了传统文化[12]。这种模式可以将各种生产力要素进行优化组合,为乡村社会经济文化环境的可持续发展发挥示范效应。

除了分析各自模式的特色之外,本文还从所有权与经营权的关系、监督约束机制、整体规划、生态环境保护几个方面对上述民宿经营模式进行了对比分析(表1-6),可以发现这些模式各自的适用条件存在很多差异。总体来看,在民宿旅游刚起步时,民宿业主多采用个体经营模式和"农户＋农户"经营模式。随着民宿产业的进一步发展壮大和农业产业化的发展,民宿经营模式中出现了"公司＋农户"经营模式。在经济相对较好,社区和当地政府的财政较宽裕的情况下,"公司＋社区＋农户"经营模式是一个更为合理的选择。在当地旅游业并不发达的情况下,政府部门应该发挥更大的作用,指导民宿旅游的规划和发展,在这种情况下,采用"政府＋公司＋社区＋农户"模式的经营模式,更有利于民宿旅游的发展[15]。

表 1-6　民宿经营模式对比分析表

经营模式	细分类别	所有权与经营权的关系	监督约束机制	整体规划	生态环境保护
个体经营	家庭主业经营型	合一	无	无	不理想
	家庭副业经营型	合一	无	无	不理想
合作经营	"公司＋农户"模式	分离	不健全	有	理想
	"农户＋农户"模式	分离	相对健全	无	一般
	"政府＋农户"模式	分离	相对健全	有	理想
	"公司＋社区＋农户"模式	分离	相对健全	有	理想
	"政府＋公司＋社区＋农户"模式	分离	健全	有	理想

民宿投资主体决定了民宿的经营模式,而游客的旅游体验会影响民宿的功能定位。现代人们的旅游活动越来越重视旅游体验,为了满足游客的需求,民宿经营者大都会为游客提供个性化体验。民宿的功能不同,民宿的类型也就不同(图 1-4)。从游客的体验需求的角度,民宿可分为以下几种类型。

(1)农家体验民宿:农、林、牧、渔体验加工活动。

(2)工艺体验民宿:刺绣、雕刻、剪纸等。

(3)民俗体验民宿:祭祀祭典、民俗节日、民俗礼仪传说等。

(4)自然体验民宿:采集制作标本、烧烤、采集草药等。

(5)运动体验民宿:登山、涉水、滑雪、骑马等。

不同的体验可以满足游客不同的需求,让游客在休闲的同时学习相关知识。随着旅游业的进步,游客的需求也越来越个性化。为了满足游客的需求,不同功能定位的民宿会不断被开发出来,民宿功能类型在未来会朝着更加多元化和精细化的方向发展。

(a)农家体验民宿	(b)民俗体验民宿	(c)运动体验民宿

图 1-4　不同功能类型的民宿实景照片

1.3.2　民宿与相关产业链的融合发展

民宿是乡村旅游的重要组成部分,同时也是一个可以整合乡村资源的平台,能够作为带动乡村一、二、三产业发展的有力切入点[16]。民宿所在地的资源要素是民宿促进产业融合的基础。与民宿有紧密关联的资源要素包括旅游、养生、养老、避暑、农业生产、林业生产、乡村生活、服务配套等资

源[11]。民宿作为产业纽带，可以联结资源与资源要素所对应的产业，实现民宿与相关产业的融合发展。在旅游业发展方面，依托民宿所在地的优质旅游资源（如受欢迎程度较高的风景名胜区），以民宿为平台，拓展与民宿相关联的旅游产业链条，促进民宿产业与旅游业的融合发展。随着人口老龄化问题日趋严峻，拥有"三养"（养生、养老、养心）资源的地区，其相关产业迎来了发展契机，民宿从业者可以利用民宿对旅游者的强大吸引力，带动休闲养生产业、田园养老产业、避暑养心产业的发展。农业生产是乡村传统的支柱性资源，随着乡村旅游的推动，农业逐渐由生产的单一功能开始向生产、休闲观光的多元化方向发展，譬如民宿经营者可与从事不同农业种植的村民联合，安排不同类型的蔬菜采摘、果林采摘、垂钓、畜牧参观活动。林业生产资源在乡村资源中也占有重要的地位，以民宿为产业切入点，可以推动林业休闲产品、林业加工产业的发展。乡村的传统生活方式积淀了独特深厚的服饰、饮食、民俗、手工艺等文化资源，民宿与乡村生活的高度融合，促进了餐饮业、服饰加工产业、民俗旅游产业的发展。譬如在手工业方面，可以安排地方特色农副产品加工或利用当地传统工艺开展本土手工教学，如利用编织、土陶、刺绣、剪纸等打造自己的品牌。以民宿为核心的服务配套资源有网络、交通等，可以借助民宿这个平台来拓展互联网产业、交通运输业、物流产业等，客观上也可以促进相关基础设施的完善。在民宿和相关产业融合的过程中，也需要考虑一些其他非产业因素，例如采取高效集约的方式盘活闲置乡村住宅资源，加强政府的组织引导和统筹规划的作用，结合客观发展情况采取适宜的民宿经营模式，完善相关基础设施及加强周边环境整治等。

对于民宿与乡村产业融合发展的路径，可以分阶段有序推进：近期可采取摸清现状及需求、制定发展规划、创新开发模式及建立利益联结机制措施；中期可开展民宿与农村产业融合项目试点；远期可以根据开发条件和市场需求，打造民宿村落和布点特色民宿。具体的路径内容如下：一是摸清民宿产业发展基础、开发意愿与市场需求，开展可行性分析；二是严格保护生态环境，编制民宿与农村产业融合专项发展规划；三是依据资源的空间分布,创新民宿的开发建设模式,如整村综合开发模式、农房改造升级开发模式、精品民宿开发模式等;四是针对不同的开发主体,建立复合多元化的民宿经营模式,妥善处理好政府、企业和农户三者之间的关系,确定合理的建设运营管理模式,形成健康发展的合力;五是加强开发引导,开展民宿与农村产业融合项目试点;六是根据开发条件和市场需求,打造民宿村落和布点特色民宿[14]。

1.4　民宿的乡土文化内涵

在乡村旅游消费从侧重使用价值的消费开始走向对符号和象征意义的消费的发展背景下,民宿已经成为一种可以体现乡土文化特色的旅游符号[1]。乡土文化是人们在乡村区域环境中,在长期的农耕生活中自然形成并创造的与农业生产生活密切相关的所有事物、共同经验与现象等的总和,可以通过乡村建筑、生产工具、服饰等有形物质形态,以及民风民俗、传统工艺、民间艺术、宗教信仰、道德观念等无形精神要素形态来传递与表达[17]。乡土文化是民宿可持续发展的核心要素[18],它为民宿特色的发展提供了无尽且个性化的资源。因此,发展民宿产业需要先融合乡土文化元素,保证民宿具有长久的竞争力,同时可以保护乡土文化特色。本节从地理空间层面、物质文化和非物质文化层面,以及精神层面来解读民宿的乡土文化内涵[19]。

在地理空间层面,乡村是民宿最早的发源地。有着丰富自然资源和人文资源的乡村或者城镇会使当地的民宿天然地带上乡土文化的基因。目前我国民宿主要围绕农村、风景旅游区或者城郊周边农业园,以及一些资源较好的旅游城镇(如杭州、丽江、阳朔等)进行选址[19]。

在物质文化层面,民宿的乡土文化内涵主要体现在建筑载体、生产生活器具、服饰、乡土自然环境等方面。其中,建筑作为一种乡愁的视觉符号,传递着独有的乡土文化内涵。民宿在保护乡土历史建筑、维护乡村聚落形态上具有特别的意义。乡土建筑是通过气候、文化、社会和手工艺的结合自发产生的。对乡土建筑的保护与传承其实是对以本土建筑、器物等为代表的乡土文化的认同和尊重。为了能够满足旅游者的旅游需求，为他们提供一个良好的旅游体验，民宿的建筑式样、材质和风格都需要进行因地制宜的创新改造（图1-5）。民宿建筑的改造既要适应现代人们的生活需求，又要考虑当地的自然条件和生态承受能力，因此，民宿建筑能够体现出当地的地域特色以及蕴含的乡土文化价值。在非物质文化层面，民宿作为乡村非物质文化的重要载体，其乡土文化内涵主要体现在乡村的价值观念、民俗仪式、生产生活方式、宗教制度文化、村规民约等。有一些民宿以传统乡土的生产生活方式为特色，提供农事体验，如采摘、种养、捕捞等。

(a) 民宿建筑式样   (b) 民宿乡土材质   (c) 民宿徽派风格

图 1-5   民宿建筑式样、乡土材质与徽派风格照片

在精神层面，民宿经营者与旅游者有着浓厚的乡土情结。要厘清乡土情结的具体内涵，应先对我国民宿经营者的构成进行分类。第一类是原住民业主，因为看到当前乡村旅游发展的巨大前景，他们将家里的空置房屋改造成民宿。在经营民宿的过程中，原住民业主通过挖掘真实的乡土文化元素，将这些元素转化为旅游者所喜爱、向往的文化符号，同时为自身创造了良好的经济效益。原住民对自身的传统文化产生自豪感，引发他们对乡土文化的认同。第二类是外来投资者，通过租赁农村宅基地进行民宿规划改造[20]。无论是对乡土文化的向往还是理性投资的选择，这部分人群通过民宿这一媒介深入乡村生活内部，因经营民宿而成为长期居住在乡村的"新移民"——他们的身份认同、情感归属、价值观念存在着城市与乡村的双重属性，大多数投资者厌倦城市的喧嚣、嘈杂和快速高压的生活方式，并向往乡

村的宁静、安然、与世无争,希望在自己熟悉热爱的乡村民宿中寻找到归属感。他们将乡土情怀寄托在民宿的投资运营上,在满足自己对乡土文化的眷恋的同时,也让更多城市中疲惫的人们来到乡野寻找归途[20]。对于民宿旅游者而言,民宿与标准化住宿业的一个重要区别就是民宿能够为旅游者营造一种家的氛围,为游客带来富有乡情味的独特体验(图1-6),致使很多游客钟情于民宿旅游。总而言之,民宿已成为人们与乡土文化之间的一根纽带,维系着经营者和旅游者对乡土文化的情感,传达着独特的乡土文化内涵。

(a) 湘西民宿侗锦体验   (b) 民宿主客交流

图 1-6 民宿的民俗活动和主客交流照片

1.5 民宿案例评述

1.5.1 台湾民宿实践

1. 台湾民宿发展现状

台湾是我国民宿起步较早,发展较为成熟的地区。截至 2018 年 2 月,台湾民宿总计 8436 家,遍及全台各县市,台湾已成为全世界民宿密集度最高的地区。台湾民宿在分布上具有明显的空间集聚特征。以东部休闲农业发达地区、高山地区及自然景观条件突出的地区为主要集聚区,如热门旅游地花莲、台东、宜兰、南投等地区民宿相对集中,仅此四个县的民宿数量便占到全台民宿总数的65%,形成了以东部为民宿主要聚集区,覆盖全岛的产业格局。

台湾民宿类型众多,具备小而美、产业聚集、极富游览性等特点。台湾民宿分为农园民宿、海滨民宿、温泉民宿、运动民宿和传统建筑民宿等(图1-7)。虽然台湾民宿规模较小,但是经营者非常注重打造民宿的文化内涵,与当地自然人文环境相结合,具备多元创意。此外,台湾民宿根据不同的地理条件而呈现空间聚集的现象,大量的民宿都集中在某县市的地区,配合当地独特的建筑造型和气质,台湾民宿形成了很强的旅游吸引力。

(a)农园民宿

(b)海滨民宿

(c)温泉民宿

(d)运动民宿

(e)传统建筑民宿

图1-7　台湾民宿类型

台湾在2001年公布了"民宿管理办法",对民宿做出了明确的定义和规定:民宿必须位于风景特定区、观光地区、公园区、原住民区、偏远地区,以及离岛地区等,甚至有的区域规定为"非都市土地"。因此,台湾民宿多处于风景优美的乡村偏远地带。

台湾民宿数量与日俱增,民宿收益不断攀升,产业整体呈现出蓬勃发展的态势。台湾地区利用市场的调节作用使其发挥能动性,成立了台湾乡村民宿协会和民宿行业协会,促进台湾民宿健康有序地发展。台湾地区将民宿进行区域化划分和规划,推进各分散的单体民宿连线成片,发展形成民宿聚集区,强化整体的品牌效应,逐步将产业推向成熟。

2. 民宿的标准化管理

台湾"民宿管理办法"中,首次对民宿的合法地位进行了认可。该办法对民宿的经营资格、设施和服务标准等都进行了严格的规定,并负责对民宿行业协会进行监管。此外,台湾"休闲农业辅导管理办法"和"农业发展条例"中,涉及休闲农业和乡村旅游的规定合计 50 条,主要分为休闲农业类、地政类、水土保持类、环境保护类、观光游类、经营类、其他类等 7 类[4],明确规定了休闲农业区和休闲农业企业的申请条件和对休闲农业区和休闲农业企业的管理、维护,包括民宿业在内的相关休闲农业和乡村旅游的规划、登记、运营均应遵循相关规定。在"休闲农业辅导管理办法"中所制定的实施细则非常详细,分别有计划审查、专案辅导、用地申请、建筑物设计规范等,明确了审批的程序和标准,可操作性强,减少了人为因素对实施细则的影响。

3. 台湾民宿的启示

台湾民宿业发展多年,经营者已探索出一套相对成熟的管理经营办法,在民宿的产品创新、民宿管理和民宿产业化等方面,为大陆民宿业的发展带来了很大的启示。

在民宿产品创新方面,台湾的民宿产业较大陆的发展更为成熟和稳定,因专业化服务及其自身发展而融为当地旅游文化的一部分。大陆的民宿相比之下还处于初级阶段,在产业形态上尚不完整,虽然民宿数量飞速地增加,产品形式仍急需创新[21]。在民宿管理方面,台湾"民宿管理办法"不仅对民宿的设置地点、规模、建筑、消防、经营设施基准、申请登记要件、管理监督及经营者应遵守的事项作了严格的规定,而且具有罚款、暂停、废除的权

限,具有强制性。大陆民宿业行业标准《旅游民宿基本要求与评价》主要对民宿起着引导和规范的作用。其他地区应学习加强管理,建立行业协会,统筹规划发展。乡镇应颁布乡镇民宿管理办法,加强民宿监督管理;设立行业协会,为民宿积极争取更多优质资源,促进民宿之间互通理念、分享信息。在民宿产业化方面,大陆应学习台湾地区按地理条件、人文环境等将民宿进行分区域、景观特色发展,统筹规划,畅通各民宿信息,形成品牌效应;增强对游客的吸引力度,从而实现产业化经营。民宿产业化经营要注重创新民宿产品,不断地提高服务质量,树立品牌形象。

1.5.2 莫干山民宿实践

1. 莫干山民宿发展概述

莫干山位于浙江省德清县西部,区域面积 185.77 平方千米,地处亚热带季风气候区,雨量充沛,阳光充足,年平均气温 16.0 摄氏度,四季风景各有特色,是中国四大避暑胜地之一。该地属于江浙沪的中心,距湖州约 48 千米,距上海约 200 千米,从这些地区到达莫干山的车程不超过 3 时,交通便利(图 1-8)。

19 世纪末,在华的外国人相继在莫干山风景区内建造了 256 幢老别墅,为该地民宿发展奠定了浓厚的历史基础。2003 年前后,莫干山地区开始发展旅游接待业,当地人以提供便餐服务的农家乐为主,在莫干山镇迅速发展了一个农家乐集聚区,这唤起了长三角地区的外国人的创业动机。2007 年前后,该地区开始涌现"洋家乐"这类由外国人经营或具有外国特征的住宿业态。2009 年起,德清县开启美丽乡村建设初级版,即"和美家园"建设,开始进行美丽乡村建设,进一步推动了莫干山民宿产业的发展。2016 年,以"民宿＋"为主要经济发展模式的莫干山镇荣获中国国际乡村度假旅游目的地、省级休闲农业与乡村旅游示范镇等荣誉称号[22]。2017 年,德清莫干山区域民宿,即"德清洋家乐",成为全国首个服务类生态原产地保护产品[23]。自此,民宿产业成为莫干山地区的主要经济产业,各地区全力发展

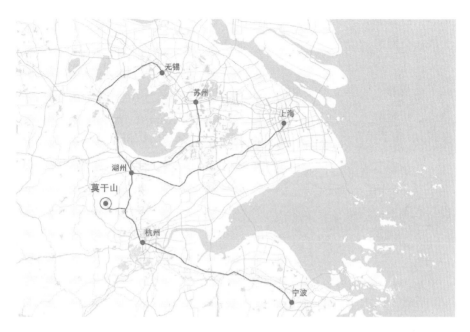

图 1-8　莫干山镇在长三角区位

民宿业,莫干山民宿成了我国民宿行业发展的标杆。

2. 莫干山民宿产业链

莫干山民宿产业起初依托于莫干山景区发展的旅游配套部门和旅游产业链的食宿链环,产业链单一,缺乏与其他各产业的结合互动。经过近些年的发展,该地民宿通过为旅游者提供食、住、行、游、购、娱全面的组织服务,使其产业链逐渐丰富,并且逐渐具备了自我组织能力,其民宿业逐渐脱离了莫干山核心景区,发展出一种以民宿的生活方式体验为核心吸引物的莫干山休闲度假旅游综合性产业链。

该地民宿产业链结合莫干山地区的村域景区、户外体育产业、休闲农业、文创产业以及旅游综合体项目(图 1-9),各环节相互依托,共同进步。民宿业的发展推动了各村股份经济合作社的成立和莫干山村域景区化工程的开展,民宿成为村域景区重要的景观资源。与此同时,民宿旅游者对于莫干山地区新的旅游活动需求,催生了莫干山地区户外体育、休闲农业、文化创意等旅游新业态。在民宿业的集群品牌效应、核心企业的扩张以及民宿业主的社会网络效应等一系列因素的推动下,莫干山地区新一批大型旅游综合体进驻。这种以产品和市场为纽带的综合性民宿旅游产业链网络不仅增强了民宿的产业竞争力,推动了民宿产业和旅游产业价值增值,也通过"民宿＋"和"旅游＋"产业融合的方式推动了莫干山地区新的产业分工和发展模式,形成了体育旅游、农林茶旅游、文创旅游等新的旅游产业增长点。

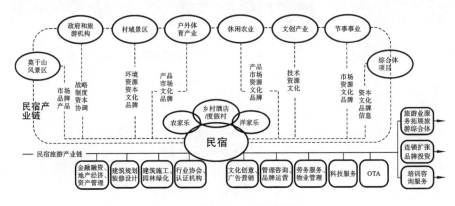

图 1-9　莫干山民宿产业链条

3. 莫干山民宿文化展现

莫干山民宿的发展注重与当地文化内涵的结合,充分挖掘莫干山地区历史名人、西方文化、传统建筑文化、乡村"隐居"文化和民宿"家"文化等文化要素,打造具有本地特色的民宿品牌,这是莫干山民宿得以蓬勃发展的不竭动力与源泉。

(1)在历史名人文化方面,莫干山民宿积极弘扬名人文化,切实提高知名度,如毛泽东曾经入住过皇后饭店,张逸云曾在莫干山修养,蒋介石在蜜月期间和多次会议期间入住过武陵村。这些名人文化,大大提高了莫干山民宿群的知名度,是莫干山民宿群最好的名片[24]。此外,近代时期,外国人在山上建别墅、修教堂,传播西方文化,本土文化与洋文化的融合,中西合璧发展"洋文化"的模式,实现了文化的交流和创新,无形中增加了民宿的吸引力。

（2）在建筑特色方面,莫干山民宿深挖传统建筑文化,创新现代建筑文化。莫干山民宿利用历史上遗留下来、具有本地特色的传统的建筑形式,并积极创新现代建筑文化,这不仅极大地丰富了当地民宿的表现形式,更借助特色建筑打响知名度,增加了民宿的辨识度。

（3）在乡村"隐居"文化方面,莫干山民宿由于其独特的地理位置和优良的自然环境以及独具内涵的乡村文化,在其发展过程中充分利用传统乡村文化和"隐居"文化,满足了城市人追求田园生活的乡土情怀,为莫干山民宿群赢得了巨大市场。

（4）在民宿"家"文化方面,莫干山民宿在发展过程中注重"异乡文化"和"家文化"的情感体验,许多以"家文化"为主题的民宿应运而生,表达了该类文化的特点。如 LaCaSa,其西班牙语的中文意思为"家",此民宿迎合民宿居家邻舍的情感需求,营造与家人、邻居相处的平实、安逸的生活氛围。游客在此可以体验一次"异乡家"的生活,以寄托对家的思念,这样可以显著提高此类游客的重游率。

4. 莫干山民宿发展启示

莫干山民宿业近年来取得了卓越的成绩,其成功之处不仅仅在于其与多方旅游产业的融合,形成了综合性旅游产业链,更在于其对本地乡土文化的保护与挖掘传承,打造了一个独具地方性和较高辨识度的特色品牌。这也为我国其他地方的民宿发展提供了丰富启示:第一,民宿业应在深入挖掘地方乡土文化、丰富乡村旅游产品业态的基础上,进一步强化民宿业态的融入功能,积极拓展民宿经济产业链[25];第二,民宿业应该充分释放该地区独有的特色资源魅力,立足最初的文化立意,并对民宿宣传的民俗文化进行完整的保护和升级式体验,通过丰富民宿产品业态,带动乡村产业振兴[26]。

本章参考文献

[1]　黄其新,周霄.基于文化真实性的乡村民宿发展模式研究[J].农业经济与科技,2012,23(12):68-69.

[2] CIARKE J. Farm accommodation and the communication mix [J]. Tourism Management,1996,17(8):611-616.

[3] TIMOTHY D J, TEYE V B. Tourism and the lodging sector [M]. New York:Oxford,2009.

[4] 刘晴晴. 民宿业态发展研究——台湾经验及其借鉴[D].青岛:青岛大学,2015.

[5] 李德梅,邱枫,董朝阳.民宿资源评价体系实证研究[J].世界科技研究与发展,2015,37(4):404-409.

[6] 吴晓隽,于兰兰.民宿的概念厘清、内涵演变与业态发展[J].旅游研究,2018,10(2):84-94.

[7] 赵斌.非标准住宿形态下城市短租·民宿空间设计探析[J].江西建材,2017(14):45.

[8] 王坤.关于几种非标准住宿形态的辨析与建议[J].旅游纵览,2018(8):46-47.

[9] 张竞予.家庭旅馆博客营销特征对顾客品牌态度的影响研究[D].杭州:浙江大学,2008.

[10] 樊欣,王衍.用国外乡村旅舍开发与经营研究综述[J]旅游科学,2006(3):47-52.

[11] 宋丹妮,罗寒.重庆:以民宿带动农村产业融合——以巴渝民宿为例[J].城乡建设,2019(10):65-67.

[12] 胡敏.乡村民宿经营管理核心资源分析[J].旅游学刊,2007(9):64-69.

[13] 王丽丽.作为非标准化住宿的中国民宿研究[D].南京:南京大学,2019.

[14] 关迪,孙壮,李东会.民宿发展及其在不同经营模式下的分类研究[J].住宅与房地产,2019(16):57.

[15] 周林.农家乐旅游经营模式研究[D].南京:南京农业大学,2008.

[16] 吴婵,李兵营.国内乡村民宿业的现状及发展策略研究[J].青岛

理工大学学报,2019,40(2):96-100.

[17] 黄冠华.乡土文化在民宿开发中的构建与表达研究[J].北京农业职业学院学报,2020,34(3):12-18.

[18] 张雪丽,胡敏.乡村旅游转型升级背景下的民宿产业定位、现状及其发展途径分析——以杭州市民宿业为例[J].价值工程,2016,35(23):101-103.

[19] 张希.乡土文化在民宿中的表达形态:回归与构建[J].闽江学院学报,2016,37(3):114-121.

[20] 邹锡.情感体验下民宿乡土文化的表达研究[D].南昌:江西农业大学,2017.

[21] 陈沫,齐岩波,刘海霞.台湾民宿产业发展及对大陆民宿的经验借鉴[J].旅游纵览,2014(10):274-276.

[22] 关晶,张朝枝.民宿业背景下乡村绅士化的特征与驱动机制——莫干山镇案例研究[J].旅游论坛,2020(2).

[23] 杨海静,杨力郡.产业集群视角下莫干山民宿区域品牌发展战略[J].台湾农业探索,2019(2):17-22.

[24] 曾静,姜猛.莫干山民宿群的文化旅游开发[J].巢湖学院学报,2018,20(2):76-81.

[25] 周玮,张柏生.新时代乡村民宿发展助力乡村振兴的实证研究——以南京市溧水区为例[J].南京晓庄学院学报,2020,36(1).

[26] 李清扬,段翔宇,程丛喜.乡村产业振兴视角的乡村民宿发展窥探——以湖北省恩施自治州乡村民宿发展为例[J].武汉轻工大学学报,2019,38(2):77-82.

第 2 章　鄂西武陵山区民宿发展分析

武陵山区,位于中国的华中腹地,包括武陵山与其余脉所在地域,处于湘鄂渝黔四省(市)的交界地带[1]。鄂西武陵山区特指武陵山区在行政管辖上归属于湖北省的地区,该地区地理面积约为3.2万平方千米,总人口数约为496万,如图2-1所示,其所在地域范围包括恩施州境内的全部市县:恩施市、利川市、来凤县、咸丰县、巴东县、宣恩县、建始县、鹤峰县,以及宜昌市的秭归县、长阳土家族自治县、五峰土家族自治县三县[2]。

图 2-1　鄂西武陵山区范围

鄂西武陵山区至今仍属于集中连片特困地区,该地区山脉众多,最高海拔达 2900 米,既有山区的贫困经济特征,又有发展避暑旅游的潜力。近年来,在全域旅游发展的大背景下,民宿旅游成为该地区旅游的重要发展方向,同时也能够带动当地农村居民的经济收入水平的提升,因此,旅游业发展是该区域发展和扶贫的重要的途径之一[3]。

本章重点介绍鄂西武陵山区的民宿发展概况,主要从该地区的民宿发展背景、民宿发展的基础条件、民宿类型和发展特征、民宿发展问题和需求四个方面进行阐述。

2.1 全域旅游视角下的鄂西武陵山区民宿发展背景

2.1.1 鄂西武陵山区的全域旅游背景导向

随着我国经济社会的进一步发展,当今中国已经迈入大众旅游的时代,日益丰富多样的游客需求导致粗放低效的旅游模式屡屡碰壁,传统的旅游模式不可避免地开始向精细高效的旅游发展模式进行转变。党的十八届五中全会提出了"创新、协调、绿色、开放、共享"五大发展理念,并指出发展全域旅游是全面贯彻五大发展理念的战略载体。创建国家全域旅游示范区不仅是我国新阶段旅游发展战略的再定位,它更是一场具有深远意义的变革。而全域旅游作为一种新的区域协调发展理念与模式,要求将一个以旅游业为主导的区域整体作为功能完整的旅游目的地来建设,进而实现区域各类资源有机整合、相关产业深度融合、社会共建共享,以旅游业带动和促进经济社会协调发展。

2016 年 2 月,湖北省恩施州由于旅游资源富集、旅游产业优势突出成为全国首批、全省唯一的以市州创建国家全域旅游示范区的单位,这是自恩施州推动旅游业改革创新、转型升级以来的一次重大机遇。近年来由于恩

施州积极投身于旅游发展全域化的探索工作,恩施州内各县市旅游发展呈现出争先进位的良好态势,恩施旅游的知名度和美誉度也不断扩大提升。为了加快恩施州国家全域旅游示范区的创建步伐,全州上下紧紧围绕贯彻落实州第七次党代会提出的建设"一谷、两基地、三示范区"的战略目标,加快国际知名旅游目的地、生态文化健康休闲旅游胜地和全域生态公园等建设工作,以助力绿色崛起和决战小康,助推全州旅游产业,进一步提高州旅游业的品牌影响力和惠民带动力。另外,州政府还就恩施州的旅游定位转型明确提出打造省内一流的健康养生、休闲度假、户外运动旅游目的地①的要求,如恩施大峡谷景区(图 2-2)。恩施本地民宿也在该旅游发展机遇下异军突起,在州内城市和山区如雨后春笋般兴起。

图 2-2　恩施大峡谷景区

---

①　具体来源:《恩施州全域旅游发展规划》。

2.1.2　鄂西武陵山区民宿历史发展背景

近年来,随着恩施州内全域旅游建设工作的推进,州政府发现住宿接待能力的严重不足成为恩施州全域旅游示范区建设的一个重要瓶颈。为了解决这一难题,改善并提升恩施州全域旅游的接待能力势在必行[4],鉴于鄂西武陵山区民宿具有天然的地理优势与良好的发展潜力,这一实情也使得鄂西武陵山区民宿得到了一个高速发展的契机。可以通过以下典型事例充分了解鄂西武陵山区民宿的历史发展脉络。例如以利川市民宿为例,其发展历程大致可以分为以下 3 个阶段:第一阶段为 2007 年至 2015 年,该时期的利川市民宿发展虽还处于雏形状态,但其发展已在本地形成一定的小气候;第二阶段为 2015 年至 2017 年,该时期的利川市民宿成功进入当地旅游市场,开始步入正轨迅速发展,并成为政府重点关注板块;第三阶段为 2017 年至今,此阶段的利川市民宿开始进入全国视野,处于一个高速发展的状态。第一阶段,利川市民宿主要呈现为农家乐并以农民自营为主的状态,分布于景区周边和高海拔地区,虽在民宿的旅游功能上略显单一,但其经营模式的引进着实让乡村百姓的生活有所改善。第二阶段,在恩施州政府和市政府的积极推动下,利川市民宿成了投资新宠,该阶段内利川市内涌现出了一批精品民宿并进一步促进了本地脱贫致富的步伐。第三阶段,利川市民宿产业仍在崛起壮大,努力迎合旅游发展市场的新型需求,不断完善并调整其产业结构,在保证其使用的基础前提下加强实现多行业领域的高度融合,朝着品牌化、品质化、全国化方向发展[5]。回溯利川市民宿近年的发展,利川市民宿从最初的农家乐发展为现今恩施州民宿旅游的标杆,一路蓬勃发展。作为鄂西武陵山区民宿中发展起步最早且现今较为成熟的利川市民宿(图 2-3),其发展历程很大程度上可谓鄂西武陵山区民宿发展的真实写照。

图 2-3　利川市白鹊山大地乡居民宿

2.2　鄂西武陵山区民宿发展的基础条件

2.2.1　政策条件

　　鄂西武陵山区是一个自然地理和历史文化相对独立的民族聚居地区，属于非行政区划范围，因此该地区暂无统一的行政管辖部门来统筹制定该地区各项政策。此外，近年来随着地方各级政府在民宿旅游发展规划与决策参与的日益深入，地方政府逐渐成为民俗旅游经营模式的创新主导力量。现今该地区与民宿相关的政策（表 2-1）可分为两种类型，第一类政策是政府出台的有关民宿发展的刺激性政策，主要集中在该地区的旅游发展、乡村建设和扶贫开发等领域，它们可以为民宿发展提供一个宽松的外部政策环境，通过设立多种奖励方式扶持民宿发展；另一类政策是强化引导民宿的相关标准及规范，推动民宿的规范化发展。

表 2-1　鄂西武陵山区民宿相关政策汇总

政策实施区域	民宿扶持政策数量	民宿扶持政策条目
宜昌市	8	《关于加强精品旅游民宿发展的建议》
		《宜昌市旅游服务提质升级工作方案(2019—2020 年)》
		《宜昌市脱贫攻坚旅游扶贫专项工作方案》
		《宜昌市人民政府办公室关于推进乡村振兴战略实施的意见》
		《宜昌市乡村振兴战略规划(2018—2022 年)》
		《宜昌市千亿文化旅游产业三年行动计划(2014—2016 年)》
		《宜昌市旅游业发展"十三五"规划》
		《宜昌市乡村旅游发展规划(2011—2020)》
恩施州	6	《恩施州人民政府关于发展乡村旅游促进旅游扶贫工作的意见》
		《恩施土家族苗族自治州民宿管理暂行办法》
		《恩施州四大产业集群建设三年行动方案》
		《恩施州乡村振兴战略实施总体规划 2018—2022》
		《恩施州加快服务业发展实施方案》
		《中共恩施州委、恩施州人民政府关于推进乡村振兴战略实施的意见》
利川市	5	《关于大力实施旅游扶贫的意见》
		《利川市"十村百企万户"乡村民宿旅游启动工作实施方案》
		《利川市"十村百企万户"乡村民宿旅游暂行扶持办法》
		《利川市民宿管理暂行办法》
		《利川市民宿基本标准》
恩施市	4	《恩施市鼓励旅游民宿发展和引导消费实施细则(试行)》
		《恩施市旅游民宿创建标准》
		《恩施市"仙居人家"创建奖励暂行办法》
		《"仙居人家"星级划分与评定(试行)》
建始县	1	《建始县旅游业发展"十三五"规划》

续表

政策实施区域	民宿扶持政策数量	民宿扶持政策条目
咸丰县	3	《咸丰县乡村旅游民宿暂行扶持办法》
		《咸丰县乡村旅游民宿评定标准细则》
		《咸丰县关于推进乡村旅游民宿建设的实施方案》
来凤县	2	《来凤县乡村振兴战略实施规划(2018—2022)》
		《来凤县全域旅游发展规划》
宣恩县	1	《宣恩县旅游业发展优惠奖励暂行办法》
巴东县	3	《关于加快民宿产业发展助推脱贫攻坚的实施意见(试行)》
		《巴东县民宿管理暂行办法》
		《巴东县民宿基本标准》
鹤峰县	1	政府拿出帮扶资金,支持开办民宿的家庭,翻修的奖励 3 万元,新建的奖励 5 万元
秭归县	1	《2016 年县委 1 号文件》
五峰县	1	《"十三五"旅游脱贫攻坚战略规划》
长阳县	1	《长阳民宿发展三年行动计划》
合计	37	

在鄂西武陵山区的民宿外部刺激性政策方面,在乡村振兴抑或是全域旅游与扶贫开发的战略视角下,恩施州政府和宜昌市政府分别制定了宏观的指导政策,政策内容均将民宿纳入重点发展对象,再由下辖各县级管理部门结合当地实际发展情况,制定适合当地民宿发展的具体举措。以扶贫开发战略为例,恩施州政府和宜昌市政府分别制定了《恩施州人民政府关于发展乡村旅游促进旅游扶贫工作的意见》(以下简称《意见》)和《宜昌市脱贫攻坚旅游扶贫专项工作方案》(以下简称《方案》)。《意见》指出"大力发展精品民宿,规范和提升乡村旅游住宿的软硬件水平";《方案》提出"培育市场主体。鼓励和支持发展农家乐、民宿、乡村客栈,力争到 2018 年发展 44 个旅游扶贫重点村,发展 800 家农家乐、1000 家民宿、400 家乡村客栈"。可以看

出,当地政府对民宿均给予了高度重视,并且提出了未来的发展重点和方向,下辖各县级政府负责制定更为具体和可操作性强的扶持政策。鹤峰县政府拿出帮扶资金,支持开办民宿的家庭,翻修的奖励 3 万元,新建的奖励 5 万元;巴东县政府出台了《关于加快民宿产业发展助推脱贫攻坚的实施意见(试行)》,制定了民宿扶贫发展目标:"到 2020 年,全县每个乡镇至少建设打造 1 个以上旅游民宿示范村(民宿经营户达到 25 户以上且相对集中连片)、1 家'银宿级'以上民宿,全县'金宿级'民宿 3 个以上、精品民宿 100 家以上,民宿床位达到 5000 张,带动 10000 人脱贫致富。"这些扶持政策为当地民宿发展提供了良好的发展环境。

在该地区的民宿规范化政策方面,恩施州政府出台了大量民宿规范化管理的政策文件,制定了《恩施土家族苗族自治州民宿管理暂行办法》。恩施市、利川市、巴东县、咸丰县均出台了具体的民宿管理办法或者相关标准,以巴东县政府制定的《巴东县民宿管理暂行办法》(以下简称《办法》)为例,《办法》明确了民宿的定义和建设标准,规定了民宿的申报程序、防火安全设施、经营行为、环保卫生等具体内容,并且实行星级评定,挂牌经营的民宿经营管理模式。上述政策为民宿的规范化经营提供了制度保障,也为其他地区的民宿规范化管理提供了借鉴经验。

利川市是政策扶持和民宿发展结合较为成功的地区。从民宿地区发展视角来看,鄂西武陵山区的民宿发展是源于利川,兴于利川,在这个过程中,政策驱动因素对于利川市民宿的成功具有不可或缺的作用。例如利川市推动特色村寨和民宿产业积极融合,并且在"十三五"规划中,提出要大力建设特色村寨以及特色村镇的举措,促进了当地村镇建设和民宿旅游的深度融合。从民宿初创至今,利川市出台了《关于大力实施旅游扶贫的意见》,制定了《利川市"十村百企万户"乡村民宿旅游启动工作实施方案》、《利川市"十村百企万户"乡村民宿旅游暂行扶持办法》和《利川市民宿基本标准》等相关政策,采用多种举措扶持民宿,推动民宿的规范化管理。随着民宿旅游市场的深化发展,利川市的民宿旅游服务趋向于精细化管理。当地政府因时因地制定了《利川市民宿旅游服务手册》,对民宿管理人员进行系统培训,成立

乡村民宿管理协会或民宿公司规范民宿旅游的规划、建设、管理和营销,充分调动了市场主体和广大群众发展民宿旅游的积极性和创造性。民宿政策在利川市的成功推行,为鄂西武陵山区其他地区的民宿政策制定提供了诸多借鉴思路。

2.2.2　区位条件

武陵山区位于华中腹地,其地理范围涵盖了武陵山及其余脉所在的区域(包括山脉,也包括其中的小型盆地和丘陵等)。它是以武陵山脉为中心,以土家族、苗族、侗族为主体的湘鄂渝黔四省(市)毗邻地区,总面积达 11 万平方千米。武陵山脉位于中国第二级阶梯,地貌丰富,植物种类多样。该地区历经亿万年形成了独特的喀斯特地貌,广泛分布峰林与峰丛两种山体形态,并在当地居民长期的人工干预下,此区域形成了独具特色的景观形态。

鄂西武陵山区地处湖北省的西南部,东接湖北省宜昌市,西连重庆市龄江地区,南毗湖南省湘西自治州,北邻重庆市万州区,是鄂湘渝的交界地带,同时是鄂西生态文化旅游圈的重要组成部分,如图 2-4 所示。图 2-5 为鄂西武陵山区的代表性旅游景区实景。鄂西武陵山区也是大武陵山区的腹地,总人口 473.4 万人,少数民族人口占 63%,这里聚居着土家族、苗族、侗族、瑶族、布依族、白族等 30 余个少数民族。

2.2.3　资源条件

鄂西武陵山区旅游资源十分丰富,且种类繁多,国内有学者将鄂西生态文化旅游圈的旅游资源概括为"山、水、人、文"四大方面[6]。现今,武陵山区拥有开发潜力较大的旅游资源,可分为自然旅游资源和人文旅游资源两大类,共 80 处。将这 80 处旅游资源对照《旅游资源分类、调查与评价》(GB/T 18972—2017),可对其进一步细分。在 37 处自然旅游资源中包括水域风光 14 处、地文景观 13 处、生物景观 9 处、天气与气候景观 1 处;在 43 处人

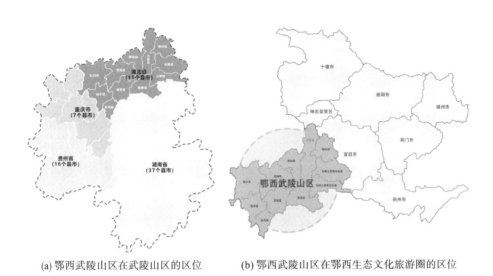

(a) 鄂西武陵山区在武陵山区的区位　　　(b) 鄂西武陵山区在鄂西生态文化旅游圈的区位

图 2-4　鄂西武陵山区的区位关系

(a) 恩施地心谷景区　　　　(b) 武陵山土苗风情旅游区　　　　(c) 清江画廊旅游区

(d) 神农架旅游区　　　　(e) 恩施大峡谷景区　　　　(f) 宣恩彭家寨景区

图 2-5　鄂西武陵山区的代表性旅游景区实景

文旅游资源中,人文活动 17 处、建筑设施 13 处、遗址遗迹 8 处、旅游商品 5 处。在鄂西武陵山区的旅游景区层面,著名的恩施大峡谷、梭布垭石林和腾龙洞构成了该地区的地文景观旅游资源主体;而神农溪、清江画廊、唐崖河和野三河则构成了水域风光的主导性资源;另外,鄂西武陵山区遗址遗迹旅游资源(如恩施土司城、鱼木寨、大水井)更是闻名遐迩。除此之外,民间习俗和节庆活动作为该地区人文旅游资源的另一个重要组成部分,女儿会、摆手舞、龙船调等国家级非物质文化遗产均是土家族、苗族地域文化的彰显。总体上来看,鄂西武陵山区的旅游资源类型丰富多样(图 2-6),其景点特色也较为鲜明,这些良好的资源条件也为鄂西武陵山区发展乡村旅游民宿奠定了一定的基础。

图 2-6　鄂西武陵山区的旅游资源

2.2.4　气候条件

鄂西武陵山区属于亚热带大陆性季风气候,其境内群山环绕,气候随海拔的高度而产生差异,是典型的山地气候。在该地区内部,海拔不到 800 米的地区四季交替明显,平均气温为 16.7 ℃,年降水量为 1300～1600 毫米,日照时间约为 1409.2 时;海拔 800～1200 米的地区年平均气温为 12.3 ℃,春迟秋早,潮湿多雨,日照时间也相对少于海拔 800 米以下的地区;海拔1200 米以上的地区主要为高山地带,气候寒冷,风雪较大,年平均气温为11.1 ℃,冬长夏短[7]。以鄂西武陵山区民宿旅游发展较为成熟的利川市为代表,其地理位置隶属于鄂西武陵山区,位于鄂西南隅,是清江与郁江的发源地,水系发达,山地面积可达 90％以上。正是由于该地区具有四季分明、冬少严寒、夏无酷暑、降水充沛、雨热同期、湿度适宜、日照温和等优质的气候条件,利川市每逢夏季便成为两大"火炉城市"重庆与武汉的旅行首选,如今更是成了全国知名休闲避暑胜地。除了利川市外,鄂西武陵山区内的其他县市也大力仿效发展避暑旅游业,该地区"纳凉经济"蒸蒸日上,不仅进一步拉动了武陵山区旅游民宿的经济发展,还助力了旅游扶贫和乡村振兴。

2.2.5　市场条件

随着社会经济的快速发展和城市工业化的加速推进,鄂西武陵山区多个县市的环境受到不同程度的破坏。与此同时,快节奏的生活和激烈的社会竞争使得长期居住于城市高楼中的人们更加渴望回归原始大自然,呼吸新鲜的空气。在此背景下,乡村旅游获得了快速发展的机会,"住农家""吃农家饭"开始在城市流行。鄂西武陵山区多地依托其宜人的气候条件和独特的自然风光吸引了周边省市地区大量游客前来游玩,尤其在乡村民宿旅游开始盛行之际拉动了鄂西武陵山区众多县市的经济发展。

截至 2018 年 12 月 31 日,恩施州境内民宿数量突破 4242 家[①],较 2017年同期增长近一倍。随着各县市统计数据日益趋于完善,新的民宿群落增长明显,民宿市场热度不减。利川市作为鄂西武陵山区民宿旅游发展的佼佼者,由于起步时间较早,该地区现在发展旅游的区域已涉及 5 个乡镇及 10多个村寨[8]。近年来,利川市致力于推动特色村寨和民宿产业积极融合,并且在"十三五"规划中,提出要大力建设特色村寨以及特色村镇的举措,这为鄂西武陵山区其他县市的民宿发展带来更多的启示与经验。除了利川市,鄂西武陵山区的建始县、宣恩县、野三关镇等地区也开始发展民宿旅游,但相对来说发展还是较为缓慢。

---

①　具体来源:《恩施州乡村民宿发展报告》。

2.3 鄂西武陵山区民宿类型和发展特征

2.3.1 鄂西武陵山区民宿类型

综合比较 2017 年和 2018 年鄂西武陵山区各县市地区民宿发展的数据（表 2-2），我们可大体将鄂西武陵山区的民宿类型按照各县市的民宿发展水平划分为发达地区、发展中地区与滞后地区三类。其中发达地区有利川市、恩施市、建始县，这些地区在"乡村振兴"战略的背景下，充分把握机遇，其民宿发展水平较高，并对鄂西武陵山区其他民宿发展起着带头和示范作用；发展中地区有咸丰县、来凤县、宣恩县，这些地区近些年开始重视民宿发展问题，在民宿产业发展上突飞猛进；滞后地区有巴东县、鹤峰县，这些地区民宿发展较晚，在民宿产业发展道路上处于起步阶段，但有巨大的发展潜力。

表 2-2 鄂西武陵山区各县市民宿发展数据（仅限于恩施州境内）

县/市	2017 年度民宿数量/个	2018 年度民宿数量/个
利川市	1180	1379
恩施市	717	1485
建始县	141	838
咸丰县	30	167
来凤县	86	110
宣恩县	111	143
巴东县	35	48
鹤峰县	0	72

鄂西武陵山区民宿发展发达地区有利川市、恩施市、建始县。利川市地处湖北省西南部，是恩施土家族苗族自治州面积最大、人口最多的县级市。

在旅游需求扩大,趋于精细化的背景下,利川市在民宿旅游方面取得了较大发展。自 2015 年以来,利川市积极推进民宿旅游建设,创建民宿示范村 18 个,发展推动 1379 户民宿示范户,在全国开创了旅游扶贫的新路径。民宿旅游成了该市的旅游重要发展方向,其下级各县市在建设中均采取相应措施刺激民宿旅游业的发展。恩施市民宿旅游业发展的速度紧随其后。恩施市统计数据显示,截至 2018 年 12 月 31 日,恩施市内民宿数量突破 1485 家,较去年同期增长一倍有余,在旅游休闲方面,提出"打造武陵山区旅游休闲中心"概念,且其新的民宿群落增长明显,民宿市场热度高涨。利川市、恩施市等地民宿先进的管理水平、发展模式为其他地区的民宿发展积累了宝贵的理论基础和实践经验。

鄂西武陵山区民宿发展中地区有咸丰县、来凤县、宣恩县。近年来,咸丰县科学布局乡村旅游民宿实施区域,按照"因地制宜、特色发展、互补发展、创新发展"的原则,不断丰富其民宿旅游休闲内涵,以"旅游+"为模式,积极谋划"旅游+文化""旅游+健康""旅游+农业""旅游+林业""旅游+城镇""旅游+互联网"等产业融合发展布局,着力打造乡村文化、休闲娱乐、静心养生的乡村民宿,建成了麻柳溪特色羌寨乡村、大团坝世外桃源度假村、大沙坝茶林康养村等民宿旅游地。"十三五"期间,宣恩县抢抓"少数民族村寨保护与利用示范县"建设机遇,在大力发展乡村休闲游的基础之上,全力打造具有民族特色的乡村民宿体系,进一步促进乡村旅游提档升级,结合自身条件,量身打造了建设全国休闲农业与乡村旅游示范县、体育休闲健康养生之都的发展规划蓝图。咸丰县、宣恩县等民宿发展中地区民宿发展迅猛,积极向利川市、恩施市等地靠拢,在不久的将来也将成为民宿旅游的热门地。

鄂西武陵山区民宿发展滞后地区有巴东县、鹤峰县。巴东县按照"双核四区、一轴两带"的县域旅游发展总体布局和"一年打基础、两年上规模、三年创品牌"的总体思路,积极开展"民宿旅游推进年"活动,重点布局打造以巴东县、悠游峡江旅游片区为主的精品民宿群和以野三关镇、原乡野奢旅游片区为主的精品民宿群。该县依托 209 国道、318 国道等重要交通线,以双

神探奇旅游片区、巴土记忆旅游片区等为特色主题民宿片区群,打造民宿集聚带,重点发展四类民宿:依托景区、景点的景观特色民宿;依托少数民族、古村落、地方特色文化的文化(民俗)体验民宿;依托山区田园风光的乡野体验民宿;依托现代农业园区和农场的产业特色民宿。鹤峰县在建设美丽乡村时,民宿经济蓬勃兴起,让具有乡村情怀的有识之士找到了新的投资方向。县政府拿出帮扶资金,支持开办民宿的家庭,各乡镇不甘落后,把出台政策措施落实到位,把民宿作为乡村经营的突破口进行攻坚。许多乡镇、村还根据自身优势,进行品牌定位、网络传播,吸引了大量客人前来休闲观光,民宿已成为鹤峰县探索留宿客人的载体。在当地政府引导下,鹤峰县至今有 4 个乡镇拥有成熟的民宿,其他乡镇也逐渐加大力度加速民宿产业发展。巴东县、鹤峰县等民宿发展滞后地区因其丰富的旅游资源和建设条件,近年来对民宿发展开始重视,虽然这类地区民宿发展暂处于起步阶段,但其发展潜力巨大,发展势头迅猛。

2.3.2 鄂西武陵山区民宿发展特征

近年来,鄂西武陵山区各县市把民宿产业作为农业供给侧结构性改革的切入点,把民宿产业作为乡村振兴的突破点,不断探索创新发展模式。其民宿发展表现出民宿产业规模庞大、民宿市场日益规范、民宿产业链趋于完善、民宿客源多元化等特征。

民宿产业规模庞大是指民宿产业覆盖面广、增长速度快、参与者多。就恩施州而言,民宿产业覆盖全州 8 个县市,民宿数量超过 4200 家,社会投资超过 31 亿元,解决了 15000 余人农村人口就业问题,带动建档立卡贫困人口就业 2200 余人,年接待民宿旅游人次近 400 万,直接民宿收入 5 亿元,带动旅游消费 20 亿元。2015 年至今,产业规模年平均增长 40%,对精准扶贫、乡村产业振兴以及全域旅游发展帮助巨大。

民宿市场日益规范是指各县市逐渐形成"政府引导、企业参与、行业自律、市场竞争"的规范化市场。国家民宿标准化试点工作初见成效:政府发挥引导作用,规范民宿发展;企业发挥自身优势,参与民宿发展;行业协会、民宿合作社等机制促进民宿自律发展;市场优胜劣汰机制基本形成,推动有序竞争。其中,利川市、恩施市、建始县、巴东县四个地区开展了民宿标准化评价工作,基本实现了有证经营,符合地方特色的民宿标准相继出台,民宿协会、合作社相继成立,竞争力落后的民宿关停,更多的精品民宿涌现出来。

民宿产业链(图 2-7)趋于完善是指民宿产业作为一个系统工程,包含着旅游行业的诸多要素,除民宿产业自身发展外,同时有力带动了地方性相关特色产业发展[9]。鄂西武陵山区各县市民宿产业发展与旅游、文化娱乐、农业、电商、交通、医疗等产业的结合越来越明显。以利川市南坪乡为例,在民宿康养融合上,有 5 家民宿主动与乡镇卫生院签约服务,为民宿养老养生、康养旅游提供了很好的样板;在民宿文化融合上,2018 年各县市都举办了与民宿旅游相关的主题活动,为地方民俗文化提供了传承的动力和空间;在民宿农业融合上,部分民宿率先开展了民宿农产品售卖或者礼品赠送服务,为本地农产品商品化提供了新的途径。

民宿客源多元化是指各县市民宿旅游地受到青年背包族、城市居民、海

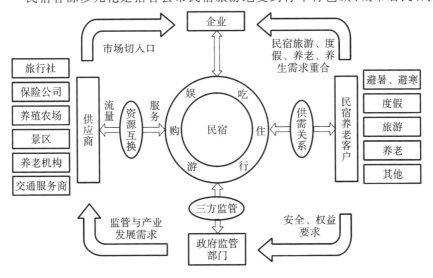

图 2-7　鄂西武陵山区民宿产业链

外旅客、民宿爱好者等多类人群青睐。民宿客源地覆盖全国 34 个省市自治区和特别行政区,覆盖 17 个国家和地区;民宿旅游项目覆盖旅游、休闲、避暑、亲子、家庭出行、游学、团建、户外、养生、养老等全方位出行需求;民宿建设规模覆盖 1~180 天全时长民宿住宿需求;民宿建设层次覆盖 80~1980 元全档次消费需求;民宿针对人群覆盖 96 岁以下全年龄层次住宿需求。

2.4 鄂西武陵山区民宿发展问题和需求

2.4.1 民宿管理安全体系混乱

由于各地还未出台地方标准、法律法规和信用评价体系,导致鄂西武陵山区民宿建设各项标准对其民宿经济发展没有提供有力保障。除此之外,部分民宿没有与治安、消防等安全系统联网,在进行住宿登记时,并未严格核实入住人员身份;少量民宿建设装修材料不符合耐火要求,消防设施等不到位,加之其从业人员均未经过专业培训,以上原因导致这些民宿存在消防、治安隐患,一旦出现突发事件,入住人员难以得到救助。

为了实现鄂西武陵山区民宿行业的有序发展和规范化管理,当地部门必须出台符合当地情况的民宿法律性或行政性指标或者标准,实现对民宿经营发展的有效监管。民宿规范化管理可借鉴日本与欧美发达国家在开发及经营民宿产业的方法路径,重视法治、安全风险及环境维护,即使偏远地区的简易民宿也必须采取准入许可制,营业须先取得执照,禁止非法经营,并制定各种立法条款来约束民宿行业。此外,在上级政府对民宿的管理还没有制定统一的规定和条例之前,各地可制定地方性的民宿管理条例,对民宿的标准、经营资质、准入条件进行约定。同时,成立民宿经营协会或组织,以加强民宿在营销宣传等方面的规范化水平,提高民宿旅游品质[10]。

民宿产业涉及公安、消防、旅游、环保、市场监督、卫生等多个部门。管理者可利用互联网平台,通过财产、人身安全保障方案及身份识别等手段,建立完善的房东、租客个人信用档案登记制度和规范的个人信用评估机制。有关管理部门完善相关法律法规,在立法层面为民宿经济发展提供强有力的保障。各地应根据民宿标准,让经营者持照经营并满足公安机关治安消防等相关要求,使民宿业不再处于无监管部门、无经营许可证、无法开具发票的"三无"状态。

2.4.2 民宿区域发展不平衡

鄂西武陵山区的民宿旅游发展和现状资源关系存在不协调的现象。从整体上看,虽然各个县市地区都具有丰富的旅游景点、交通、区位等资源,但外来游客更偏向于靠近高速出入口和高铁站的目的地。民宿发展发达地区(如利川市、恩施市等)充分利用当地特色的旅游资源和有关部门政策推动,民宿产业发展迅猛,得到广大游客的大力推崇,但一些民宿发展滞后地区(如鹤峰县、野三关地区)却与之相反,其民宿产业发展缓慢。

如图 2-8 所示,以利川市和野三关地区民宿建设为例。野三关地区是恩施州的重要交通门户,在交通区位条件上,野三关地区比利川市更具区位优势,但野三关地区的民宿产业发展尚处于起步阶段,发展缓慢,还未获得各地游客的认可。在空间分布上,野三关地区民宿建设规模相比于利川市存在一定差距,难以满足未来庞大的旅游需求。在民宿选址方面,野三关地区部分民宿选址过于偏远,交通条件尚不完善,进一步阻碍了该地区的民宿发展。

因此,各县市应以鄂西武陵山区民宿旅游发展的现状问题和需求为切入点,针对民宿旅游地区发展不平衡的问题,确立不同地区民宿发展规模,通过将民宿产业发达地区与民宿产业发展滞后地区进行对比,总结民宿发展规模庞大地区的成功经验,用以完善民宿发展缓慢地区的民宿发展模式,为本地的民宿选址布局提供一条合理的技术路径,使鄂西武陵山区各地区民宿产业发展趋于平衡,以满足庞大的市场需求,进一步壮大该地区民宿旅游业发展态势。

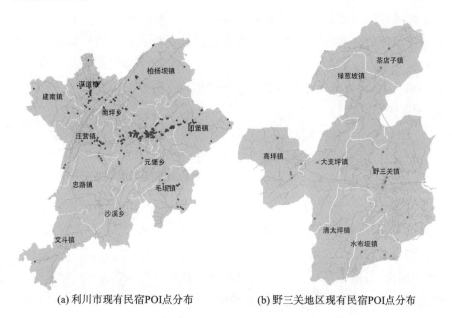

(a) 利川市现有民宿POI点分布　　　　(b) 野三关地区现有民宿POI点分布

图 2-8　利川市与野三关地区现状民宿点对比分析图

2.4.3　民宿建设地域特色缺失

由于鄂西少数民族地区山水同源、民风民俗类似,在乡村旅游开发时容易互相抄袭,流于表面形式,不注重挖掘大环境之下的民族文化元素,导致在区域内乡村旅游和民宿产品雷同,喝包谷酒、吃合渣饭、跳摆手舞、唱土家族山歌、行土家族婚礼等鄂西南常见的民风民俗在很多乡村旅游景点和农家乐重复出现。产品同质必然导致恶性的价格竞争,整体上削弱了该地区产品的核心竞争力,从而逐步失去该地区独特地域文化资源在旅游产品上开发的优势。这不仅是鄂西武陵山区民宿的问题,也是我国大多数地区乡村旅游发展的短板。因此,民宿经营主应充分挖掘当地民宿旅游发展的特色,因地制宜,打造集群分布、有特色、别开生面的民宿[10]。

因此,鄂西武陵山区各县市应根据其自身区位优势、生态优势、文化优势在特色村寨中发展民宿旅游,充分利用当地独特自然环境,发掘土家族文化,同时开展具有民族特色的民宿旅游休闲活动,使鄂西土家族民宿市场广阔、发展迅速,一方面自己创造文化需求空间,另一方面提供文化传承空间。民族文化具有历史传承性、差异性、稀缺性等特征,充分挖掘具有历史和纪念价值的文化资源,是民宿产业发展的不竭源泉。

各地可以从其地方建筑、生态旅游资源、本土民俗风情出发,充分挖掘其文化底蕴,打造本土民宿品牌特色,增加民宿辨识度。在建筑方面,各地应充分利用其传统建筑特色,并将传统特色与现代技术结合,创造出既有文化沉淀,同时又有生活舒适感的民宿建筑群;在生态旅游方面,民宿业可有效结合鄂西武陵山区独特的自然资源优势,把"民宿"与"自然生态"有机结合起来,实现人与自然的交流互动;在民俗风情方面,各民宿应积极挂牌命名或申报土家族传统民俗活动,并借助民族文化符号开展各种带有民族特色的休闲旅游项目,从而展现鄂西土家族民宿的民族性、地域性、趣味性和群众性。

2.4.4　民宿选址评价体系缺位

在旅游业如火如荼的发展形势下,鄂西武陵山区的民宿建设迎来井喷式发展,但其民宿的发展伴有自发性和盲目性,并未形成前瞻性、系统性的发展规划和合理的空间统筹布局,这不利于当地民宿产业的健康发展。

从整体上看,与民宿发展相关的科学研究大多停留在对民宿所在地旅游资源条件的宏观评价、意义与价值、发展设想等定性研究方面,十分欠缺定量化评价和分析。在空间布局研究方面,目前的研究集中在对现有民宿的空间布局特征分析上,而在民宿选址决策方面仍存在较大空白,缺少系统的研究方法。此外,大部分研究集中于地形平坦、交通便利的一线和二线城市,而对于武陵山区这类地形复杂、交通不便的"老、少、边、穷"区域研究较少。

鄂西武陵山区民宿选址亟待建立合理的民宿选址评价体系模型。评价体系模型可以从民宿建筑载体、周边乡土环境、民俗文化氛围、配套设施、旅

游资源、交通便捷性等一系列因素出发,充分考虑民宿建设与其周边环境联系性,充分发挥鄂西武陵山区的地理特征、乡土风情、风景资源等优点,结合其配套基础设施、旅游交通体系,通过已建立的评价体系,对各个因素进行综合考量,从而确定鄂西武陵山区民宿选址结构规模。各级县市政府及村寨应积极利用民宿选址评价体系模型,在进行民宿发展之前,率先使用民宿选址评价体系模型对当地民宿发展方向进行科学预测,并合理地指导民宿健康发展,使民宿产业正向地、可持续地为当地经济带来有效收益。

2.4.5　基于游客视角的鄂西武陵山区民宿旅游诉求调查

在了解民宿发展的现实问题和外部环境诉求的基础上,我们还需要了解民宿旅游的游客主体对鄂西武陵山区民宿旅游的诉求,为当地民宿的人性化发展提供基本依据。本研究通过设计游客调查问卷来获取游客对当地民宿的需求。

2.4.5.1　问卷设计

此问卷主要分为三个部分。

(1)问卷简单介绍、向游客阐述本次问卷设计的目的,简答介绍一下调查背景,并对受访者的参与表示感谢。

(2)搜集游客的一些个人信息,包括性别、游客来源地、年龄、收入等部分。

(3)询问游客旅游基本行为和诉求,包括旅游动机、旅游出行方式、游玩次数、停留时间、民宿旅游出行的单程时间的可接受区间、对民宿旅游地区的个人偏好、获知当地民宿旅游信息来源等,以及对鄂西武陵山区民宿发展的建议等。

本调查问卷方式为线上线下同步进行的方式,共发放问卷 204 份,回收有效问卷 182 份,有效答卷率达到 89.2%。线上调查问卷是对鄂西武陵山区旅游有兴趣的潜在人群进行调查,线下调查问卷以利川市、野三关镇、建始县、咸丰县、宣恩县、恩施市等发展民宿旅游地区为调查区域。2019 年的 7 月和 8 月(旅游旺季)为调查时间。调查对象是在当地民宿旅游的游客,采取了随机的问卷调查方式。

2.4.5.2　问卷结果分析

1. 性别比例

从性别比例上看(图 2-9),男性游客人数的占比较大,占总人数的 56.3%。从整体上看,男女比例较均衡。

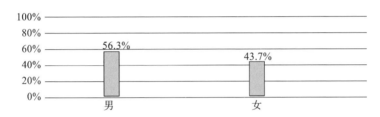

图 2-9　游客性别比例

2. 年龄构成

从图 2-10 的情况来看,31～50 岁年龄段的游客占比达到 60%,与当前民宿旅游受众群体的特征较为契合。

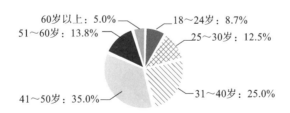

图 2-10　游客年龄构成情况

3. 收入分布

通过对游客的收入情况进行调查,从图 2-11 的情况来看,月收入在 2500～10000 元区间的人群占比为 82%,为核心消费人群;月收入低于 2500

元和超过 10000 元的人群总共占比为 18%。结合具体调查过程可以了解到，月收入 2500 元以下的人群主要是在校学生和无收入的高龄老人，他们一般是随家人旅游或者由家人资助旅游。

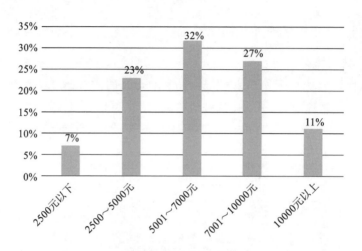

图 2-11　游客月收入情况

4. 到鄂西武陵山区的旅游次数

如图 2-12 所示，到武陵山区旅游 5 次及以上的游客人数占 50%，这部分人群占比最大。从游客的旅游次数分布情形来看，鄂西武陵山区的民宿旅游具有较高的"回头率"。

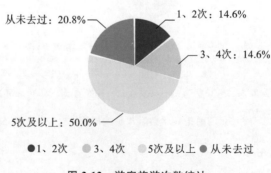

图 2-12　游客旅游次数统计

5. 游客来源地构成

如图 2-13 所示,游客来自湖北省内的占比 80%,重庆市、河南省、陕西省、湖南省等周边地区占比 20%。

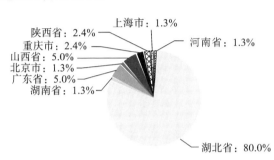

⊘河南省　○湖北省　○湖南省　◐广东省　●北京市　◓山西省　●重庆市　⊗陕西省　◌上海市

图 2-13　游客来源地构成

对湖北省内的游客来源进一步细化分析,发现来自武汉市的游客人数占比达到 48.9%,其次是来自宜昌市的,占比达到 7.8%,来自恩施市的占比达到 6.8%,来自其他地级市的占比在 2%～5% 之间(图 2-14)。

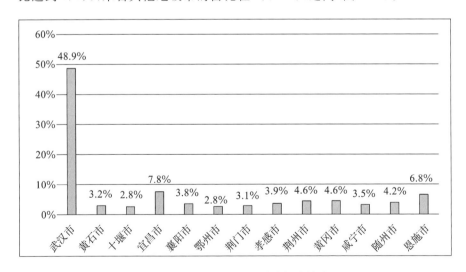

图 2-14　游客来自湖北的地级市构成

6. 旅游动机

如图 2-15 所示,在游客旅游动机中,回归自然、体验乡村生活占
68.8%,休闲度假、康体健身占 47.9%,体验民俗风情占 45.8%,陪伴亲友、
交流感情占 29.2%,观光游览、单纯住宿和缓解压力分别占 27.1%。从游
客需求类型划分视角来看,当地民宿旅游基本覆盖旅游、休闲、避暑、亲子、
家庭出行、游学、团建、户外、养生、养老等全方位出行需求。从数据分析来
看,大致可以勾勒出民宿未来发展的一些方向,如对民宿建筑自身及周边环
境乡土氛围的保护、自身休闲度假服务功能的拓展或者与一些休闲度假点
的相互借力、民宿经营者对民宿"家"氛围的营造等。

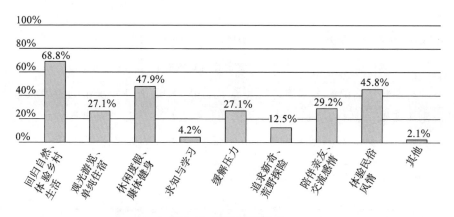

图 2-15   游客旅游动机

7. 游客期待停留的天数

从图 2-16 中可以看出,37.5%的游客期待停留的时间为 3～7 天,
29.2%的游客为 15 天以上,停留 1 天以内的占比最少,约为 2.1%。由此可
以分析出游客到武陵山区的旅游以避暑度假为主,停留天数以一周左右
最多。

8. 游客在当地旅游的出行方式

如图 2-17 所示,自驾是最主流的出行方式,占比为 66.7%,选择旅游大
巴出行的游客占比为 27%,将公交车与步行作为出行方式的游客仅占
6.3%。

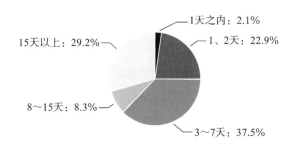

图 2-16　游客期待停留天数

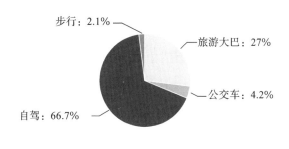

图 2-17　游客在当地旅游的出行方式

9. 游客对旅游出行的单程时间接受范围

如图 2-18 所示,游客对鄂西武陵山区的单程时间接受度最高的是小于 1.5 时车程。结合武陵山区的交通条件和海拔高度等客观条件,单程时间小于 1.5 时符合旅游出行者客观需求。

10. 前往民宿所在地的交通方式偏好

如图 2-19 所示,游客前往民宿所在地的交通方式以自驾、火车、高铁为主,自驾占比达 54.1%,选择火车或高铁的占比达到 34.8%。

11. 游客获取当地民宿旅游信息的渠道

如图 2-20 所示,亲朋好友的推荐与互联网资讯接收是大部分游客获取当地民宿旅游信息的方式,其比重分别为 68.8%、50.0%,旅行社、广播电视和报刊这三类信息渠道的占比紧随其后,分别为 27.1%、22.9%、

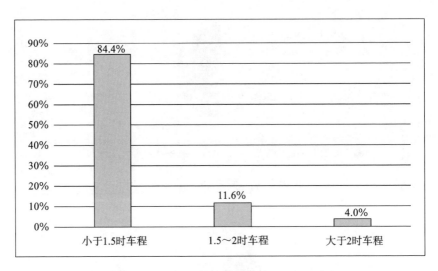

图 2-18　游客对旅游出行的单程时间接受范围

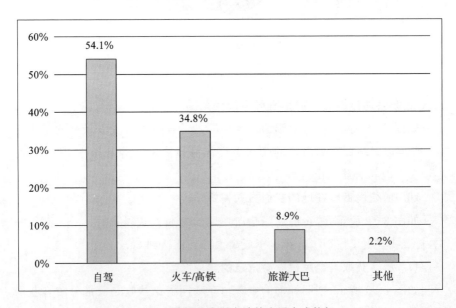

图 2-19　前往民宿所在地的交通方式偏好

16.7%。从数据分析来看,互联网和媒体及旅游宣传对当地旅游知名度的推广贡献很大,因为其自身旅游价值的强大吸引力,去过当地的游客推荐意愿都很高,形成了一个良性循环。

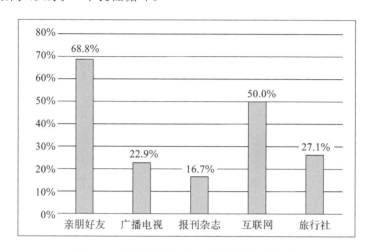

图 2-20　游客获取当地民宿旅游信息的渠道

12. 游客对鄂西武陵山区的民宿旅游地倾向

从图 2-21 可以看出,在游客受访调查结果中,利川市民宿的受欢迎度最高,其次是宣恩县和恩施市,野三关镇和建始县的民宿受欢迎度最低,还未形成良好的口碑和知名度。

13. 游客对当地民宿发展的建议或者意见

通过归纳总结发现,游客的关注点主要集中在当地民宿的建筑风格、住宿基本服务设施、交通条件、服务人员态度、周边风景与视野等方面,这为后期的民宿发展提供了一些思路。

通过对问卷调查结果进行分析,可以得出受访游客对民宿旅游的自然风景、乡土民俗、休闲度假氛围的需求较高;在鄂西武陵地区,游客对利川市的民宿旅游满意度最高,对野三关镇、建始县的民宿满意度最低;游客在当地旅游出行方式以自驾为主,且一般在 90 分车程范围内进行旅游体验活动。

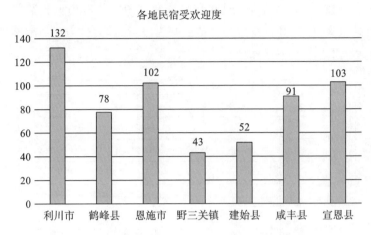

图 2-21　游客对鄂西武陵山区的民宿旅游地倾向

本章参考文献

[1]　周洁莹.武陵山区漏斗蛛科蜘蛛分类学初步研究(蛛形纲:蜘蛛目)[D].武汉:湖北大学,2017.

[2]　李双.民族旅游业区域整体发展的思考——以鄂西武陵山区为研究对象[J].长江师范学院学报,2017,33(6):46-49.

[3]　王兆峰,石献.武陵山片区旅游业与交通协同发展研究[J].经济地理,2016,36(2):202-208.

[4]　屈艺.利川市民宿旅游游客满意度研究[D].恩施:湖北民族大学,2019.

[5]　谭卯英.基于 GIS 的湖北武陵山区旅游空间结构整合优化研究[D].武汉:华中师范大学,2014.

[6]　龚胜生.鄂西圈旅游业发展要着力打造"山水人文"四大品牌[J].参政议政,2009(11):7-8.

[7]　周慧琳.利川市乡村旅游民宿发展的对策研究[D].武汉:武汉轻工大学,2018.

［8］　冉红芳,李军,朱秋红.武陵山区特色村寨建设与民宿旅游研究——以湖北省利川市为例[J].三峡大学学报(人文社会科学版),2017,39(01):62-67.

［9］　黄其新,周霄.基于文化真实性的乡村民宿发展模式研究[J].农村经济与科技,2012,23(12):68-69.

［10］　CLARKE J. Farm accommodation and the communication mix [J]. Tou rism Management,1996,17(8):611-616.

下卷

鄂西武陵山区民宿选址
预测模型构建及应用

第 3 章　民宿选址基础问题及研究

随着我国旅游产业的发展,民宿在旅游产业体系里开始扮演举足轻重的角色,也成为越来越多的人投资和生活方式的选择。我们要准确认识民宿的发展前景,更要以科学的思路投入民宿的建设当中。民宿的筹建大致有以下几大重要步骤:项目选址、功能定位、规划设计、施工建设、融资、运营[1]。民宿的经营状况是由很多因素决定的,功能定位、规划设计、运营与施工建设都属于后天性因素,而民宿选址则是极为关键的先天性因素,对民宿后期的市场方向发展具有基础性作用。换言之,好的项目选址是成功的一半,一个科学合理的民宿选址决策,可以对民宿后期的发展起到事半功倍的作用。

在旅游业如火如荼的发展形势下,鄂西武陵山区民宿建设迎来井喷式发展。但是由于当地发展水平的限制,以及居民经营理念的局限性,该地区民宿的发展不可避免地伴有自发性和盲目性,缺乏前瞻性、系统性的发展规划和合理的空间统筹布局,严重威胁着当地民宿产业的健康发展。从宏观的地区发展来看,鄂西武陵山区民宿的选址存在很大的缺陷,主要暴露在两个方面:一是民宿选址缺乏一个标准的选址评价体系;二是民宿选址缺乏一个科学的选址决策方法。因此,民宿的选址存在现实的必要性,如何确立科学合理的民宿选址思路,成为亟待解决的问题。

民宿的选址可以从两个视角进行探讨:一是借鉴传统住宿业选址的思路,例如连锁型酒店或者宾馆的选址决策方法,这种思路强调民宿的住宿功能与城市空间布局的关系,可以为民宿选址的影响指标提供参照;二是将民宿视为一种特殊的旅游服务设施,探讨规划选址问题。在2002年任黎秀主编的《旅游规划》中,"旅游设施"的定义为:旅游地为游客提供旅行游览接待服务设施的总称,包括旅行、游览、饮食、住宿、购物、娱乐、保健和其他共八类规划布局内容[2]。民宿作为旅游服务设施的重要组成部分,既要考虑住宿接待功能,又要跟旅游要素有着密不可分的关系。民宿选址可以借鉴旅游规划体系下不同类型的旅游服务设施的布局思路,从而提升民宿所在地区的游客承载力和旅游发展服务接待能力。

　　本章第 1 节首先从民宿的文献研究入手,分析与民宿选址相关的文献,剖析现有学术研究的优势点和薄弱项,为本研究明确发展方向。本章第 2 节聚焦于现有的设施选址方法,通过梳理比较不同的选址模型,寻找适合本研究对象的方法。本章第 3 节重点介绍 GIS 技术在选址中的应用,为民宿选址研究提供技术支撑。

3.1　民宿选址的相关文献综述

　　张海洲等运用 ArcGIS 和地理探测器等工具,基于莫干山民宿的相关实测数据,量化分析了环莫干山民宿的时空分布特征和成因[3];LONG Fei 运用层次分析法和专家咨询法,将定性与定量方法相结合,构建了民宿集聚区选址评价指标体系,并以杭州和北京两地的民宿集聚区为例进行实证应用[4];王珺玥根据社交媒体上的消费者情感反馈数据,划分民宿类别,使用最近邻分析法和核密度分析法,分析民宿的空间分布特征,并且尝试定量化描述这种空间分布和城市功能的耦合关系,继而对厦门市民宿空间布局与功能定位提出优化建议[5];张志荣等以婺源为研究区域,梳理其旅游民宿发展历程与现状,探索其旅游民宿空间分布特征及其影响因素[6];龙飞、刘家明等以长三角地区民宿为研究对象,有效结合网络相关民宿数据,运用 GIS空间分析方法,将民宿空间分布格局与要素进行量化分析,由此得出地区国内生产总值、A 级景区数量、人口密度与单位面积旅游收入四个指标与民宿布局密度呈正相关关系[7];学者刘大均采用 GIS 空间分析法对四川省成都市的民宿进行空间分布特征的量化分析,得出商业发展水平与交通可达性等因素是构成民宿空间分布的重要影响因子[8]。

针对酒店、宾馆等其他住宿业载体的选址布局,已经有了较为系统的研究。如查爱苹构建了与锦江之星酒店相关的社会经济基础、交通条件、商业因素和公共服务 4 个一级指标以及 13 个二级指标因子体系,分析因子之间的空间相关关系[9];结合电子商务影响的视域来看,学者黄莹以南京主城区经济型连锁酒店为切入点,分析了其空间扩张与组织特征与信息化城市的内在关联,并在时空演变与扩张研究方面研究了电子商务与经济型连锁酒店的关系[10];学者候国林则以庐山景区内的 142 家宾馆为研究对象,对山地宾馆做研究分析,通过实地调查与空间分析法探讨山地宾馆的空间布局及其影响因子,并提出山地宾馆布局有别于城区宾馆的近自然布局等特征的研究结论[11]。

从整体上看,与民宿发展相关的文献研究大多停留在对民宿所在地旅游资源条件的宏观评价、意义与价值、发展设想等定性研究方面,缺少定量化的评价和分析。在空间布局研究方面,目前的研究主要集中在对现有民宿的空间布局特征分析上,在民宿选址决策方面仍存在较大空白,缺少系统的研究方法。

3.2 设施选址方法

3.2.1 设施选址方法分类

根据不同的应用范围,设施选址方法和模型的种类很多,求解的方法也不同。模型的分类标准不同,分类结果也会有所差异,本文以四个标准划分选址模型。

(1) 根据选址的目标区域划分:连续型、离散型和网格型选址方法。连续型选址方法是指在平面区域内,根据具体的选址要求,任意取点作为待选地址点;离散型选址方法是指在有限的备选地点中,选择满足选址要求的最优地址;网格型选址方法是指把平面划分成面积相等或按一定比例缩放的区域,在区域中找到符合要求的待选地址。

(2)根据时间的变化划分:静态、动态选址方法。

(3)根据待选地址的个数划分:单一设施、多设施选址方法。

(4)根据待选地点属性的可量化程度划分:定性、定量与定性和定量相结合的选址方法。

在这些选址方法中,数学规划法是较为常用的选址方法。数学规划法主要包括五种方法,即线性规划法、非线性规划法、动态规划法、整数规划法和网络规划法。随着选址要求的提高,数学规划模型越来越复杂,以致模型的求解算法成为近年研究的重点,从最初的单纯形法、分支定界法、应用LINGO 软件求解等方法,到以遗传算法[12]、蚁群优化算法[13]、粒子群优化算法[14]、模拟退火算法[15]、模拟植物生长算法[16]和启发式算法[17]等为主的方法,都能有效地求解出模型的最优解或满意解。

3.2.2　设施选址方法比较

由最初的单纯的定性选址方法到现在复杂的定量选址模型,从单一设施选址到多设施选址,从初步规划到精确定位,无论是模型还是算法求解方面,研究人员都进行了深入研究,也更能满足市场的选址需求。通过阅读国内外选址文献,本文归纳总结了 20 种设施选址方法,同时论述了这些方法的优缺点以及适用范围(表 3-1)。综合分析表 3-1,德尔菲法是单纯的定性方法,这种方法适用于可获取的信息量少,专家资源较为丰富的情况,在选址过程中,这种方法具有一定的主观性,而且缺乏计算机交互的量化评估依据。模糊综合评判法、灰色白化权函数聚类法、DEA 分析法、层次分析法、神经网络模型是定性和定量相结合的选址方法,实用性更强,且属于决策评价模型,建立与选址相关的因素评价指标体系。重心法、交叉中值法和运输规划模型属于连续型选址,不需要备选地址。重心法简单易懂,是常用的选址方法,而且多与其他方法结合使用,准确性更高。方法 10~20 将选址的

决策因素转化成定量模型,属于离散型选址,从备选地址中选出最优方案,可操作性较强。其中,集合覆盖模型和最大覆盖模型在实际中常结合使用,选址初级阶段采用集合覆盖模型,高级阶段采用最大覆盖模型,以满足不同阶段的选址要求并达到不同目标;方法 12～19 属于复杂的规划模型,模型可以根据具体的选址要求建立目标函数,但是需要较好的数学基础、抽象的数学模型,约束条件复杂,而且选址的目标函数多属于 N-P 问题,多采用启发式算法或智能优化算法求解,而且经常需要一些假设条件,加之模型中的距离往往采用直线距离,理论值与实际值相差较大,模型求解的选址点有可能落在农田、湖泊等不适宜选址的地点上。最后,基于仿真软件的方法对模型假设较少,更注重结合实际,更准确,但是对计算机的要求较高,一般需要专业的技术人员操作。

随着计算机和信息技术的发展,设施选址人员越来越倾向于将两种或两种以上的方法结合进行选址[18]和以 GIS 技术为平台,结合其他方法进行选址建模[19],这些方法的应用,可以很好地解决传统选址方法中存在的不足,使模型更符合实际,同时准确性也越来越高。

表 3-1　设施选址方法比较

序号	模型名称	优势	不足	适用范围
1	德尔菲法	评价指标比较全面,打分较客观,相互影响小,而且经过多轮反馈,结果更客观	属于一种主观评价法	在可获取的信息量少,具有一定数量的选址专家的前提下,规模较小的选址
2	模糊综合评判法	将不精确、模糊的评价指标转化成定量的数学方法,使模型更精确	由于指标的模糊性,得不到具体值,必须通过德尔菲法或统计调查法得到,所得数据不一定准确	选址因素呈现复杂、模糊的特征,规模较大的设施选址问题

续表

序号	模型名称	优势	不足	适用范围
3	灰色白化权函数聚类法	白化权函数容易确定,可以评价多因素、多指标、综合的选址问题	当几个聚类同属于一个灰类时,必须结合德尔菲法等定性方法使用,因而存在人的主观因素	大型的、带有灰色特性的多因素选址模型
4	DEA 分析法	在费用合理的前提下兼顾设施的效率最高和客户满意度最佳	指标体系的建立复杂,并且有许多不可量化的指标;定量模型的建立和求解困难	多因素输入,多目标输出的选址决策问题
5	层次分析法	结合设施职能及选址原则,同时考虑经济和社会效益,并能将模糊的、随机的因素量化,实用性强,方便求解	建立准则层之前,各准则要经过细致、缜密的工作;各准则必须相互独立;准则较多时,建立判断矩阵烦琐	多层次、多要素的大型选址问题
6	神经网络模型	具有很强的学习、联想和容错功能,避免对数	指标值的确定带有一定的主观因素,当客观因素量化时,易丢失信息	定性与定量相结合,各指标之间存在相互依赖关系的选址问题
7	重心法[20]	模型简单,能求出满足目标函数的精确解	运输成本作为唯一的决策因素,算法须使用迭代法求解,理论与实际备选点偏差较大	以成本因素作为主要考虑因素的选址问题,一般用于设施初选址

71

续表

序号	模型名称	优势	不足	适用范围
8	交叉中值法[21]	模型简单,所求得的选址方案是一条线段或一个区域,灵活性强	客观因素考虑少;用 x,y 轴上的距离进行分析,分析方式不够严密,只能解决规模较小的选址问题	城市内小范围的选址问题
9	运输规划模型	模型简单,精确计算,能获得选址的最优解	模型过于理想化,与实际相差过大	城市内小规模的选址问题
10	集合覆盖模型[22]	兼顾选址点和费用最少,时效性要求高	有时无最优解,客观因素考虑少	适用于用有限的设施为尽可能多的对象服务的选址问题
11	最大覆盖模型	模型简单,可以结合其他方法,对所要解决的选址问题效果显著	模型为二元,解法复杂,结果有时会出现多个解	适用于用尽可能少的设施服务所有需求对象的选址问题
12	P-中值模型	在保证货物运输高效、安全、顺畅的前提下,选出 P 个待选点,使费用最低,符合客观事实	只以成本最低为目标函数,且为 N-P 难题,且最终得的是满意解;假设过多,使模型失真	适用于已知有限个待选地点的问题
13	双层规划模型[23]	结合实际情况建立双模型,兼顾决策部门总成本最低和客户支出最少,使双方都满意,考虑全面	上、下层目标函数不同,模型常用启发式算法求解,不一定能求得最优解	适用于竞争环境下,使部门和顾客都能利益最大化的选址问题

续表

序号	模型名称	优势	不足	适用范围
14	混合整数规划模型	兼顾固定、可变成本和其他费用,综合给定的定量因素,模型灵活性大,实用性强	大多为 N-P 问题,求解时需借助计算机,并且很难求出最优解或满意解	适用于数据充足,定量因素全面的选址问题
15	CFLP 模型[24]	综合运用运输规划和整数规划方法,解决有容量限制的问题	针对性强,目标函数只考虑了费用最低,很难求出最优解	适用于设施数目有限,有容量限制的配送中心选址问题
	物流网络选址模型[25]	考虑物流网络中各节点的费用成本、物流平衡、能力和数量约束等,目标函数使总费用最少	考虑因素众多,规划模型复杂,求解一般借助计算机软件完成	适用于准备新建供应链网络或逆向物流网络的选址问题
16	Boumol-Wolfe 模型[26]	模型建立简单,只考虑费用最少,定量因素为成本因素	考虑因素单一,求解采用启发式算法,不能保证得到最优解	适用于把成本作为主要选址因素的设施选址问题
17	Kuehn-Hamburger 模型[27]	可以识别并剔除"限制性区域",根据各选址区域对成本的敏感度划分网格	划分网格区域烦琐,求解采用启发式算法,最优解不易求得	适用于所选区域内存在"限制性区域"的单一设施选址问题
18	K-增长度网格模型[28]	可以识别并剔除"限制性区域",根据各选址区域对成本的敏感度划分网格	划分网格区域烦琐,求解采用启发式算法,最优解不易求得	适用于所选区域内存在"限制性区域"的单一设施选址问题

续表

序号	模型名称	优势	不足	适用范围
19	动态规划模型	模型考虑周期变化和其他可变因素,更具实际意义	模型建立复杂,求解多使用智能算法,最优解不易求得	适用于客户需求和费用成本随时间变化的选址问题
20	仿真软件模型	利用 Flexim 或 Witness 等软件仿真,模型分阶段建立,随时改变参数	不能提出初始方案,对选址人员的技术水平要求较高	适用于复杂的、大型的无法手算的选址问题

3.3　GIS 技术在选址中的应用

3.3.1　GIS 的基本介绍

地理信息系统(geographical information system,GIS)是一种决策支持系统(图 3-1),它具有信息系统的各种特点。地理信息系统与其他信息系统的主要区别在于其存储和处理的信息经过地理代码,地理位置及与该位置有关的地物属性信息成为信息检索的重要部分[29]。在地理信息系统中,现实世界被表达成一系列的地理要素和地理现象,这些地理特征至少由空间位置参考信息和非位置信息两个组成部分进行体现。

地理信息系统是一门多技术交叉的空间信息科学,它依赖于地理学、测绘学、统计学等基础性学科,又取决于计算机硬件与软件技术、航天技术、遥感技术,以及人工智能与专家系统技术的进步与成就。此外,地理信息系统又是一门以应用为目的的信息产业,它的应用可深入各行各业。地理信息系统处理、管理的对象是多种地理空间实体数据及其关系,包括空间定位数

图 3-1　ArcGIS 用户界面示例

据、图形数据、遥感图像数据、属性数据等,用于分析和处理在一定地理区域内分布的各种现象和过程,解决复杂的规划、决策和管理问题。

通过上述的分析和定义可提出 GIS 的如下基本概念。

(1) GIS 的物理外壳是计算机化的技术系统,该技术系统又由若干个相互关联的子系统构成,如数据采集子系统、数据管理子系统、数据处理和分析子系统、图像处理子系统、数据产品输出子系统等,这些子系统的优劣、结构直接影响着 GIS 的硬件平台、功能、效率、数据处理的方式和产品输出的类型。

(2) GIS 的操作对象是空间数据和属性数据,即点、线、面、体这类有三维特征的地理实体[30]。空间数据的根本特点是每一个数据都按统一的地理坐标进行编码,实现对其定位、定性和定量的描述,这是 GIS 区别于其他类型信息系统的根本标志,也是其技术难点所在。

(3) GIS 的技术优势在于它的数据综合、模拟与分析评价能力,可以得到常规方法或普通信息系统难以得到的重要信息,实现地理空间过程演化的模拟和预测。

（4）GIS 与测绘学和地理学有着密切的关系。大地测量、工程测量、矿山测量、地籍测量、航空摄影测量和遥感技术为 GIS 中的空间实体提供各种不同比例尺和精度的定位数[31]；电子速测仪、GPS 全球定位技术、解析或数字摄影测量工作站、遥感图像处理系统等现代测绘技术的使用，可直接、快速和自动地获取空间目标的数字信息，为 GIS 提供丰富和更为实时的信息源，并促使 GIS 向更高层次发展。地理学是 GIS 的理论依托。

有学者断言，"地理信息系统和信息地理学是地理科学第二次革命的主要工具和手段。如果说 GIS 的兴起和发展是地理科学信息革命的一把钥匙，那么，信息地理学的兴起和发展将是打开地理科学信息革命的一扇大门，必将为地理科学的发展和提高开辟崭新的天地"[29]。GIS 被誉为地理科学的第三代语言——用数字形式来描述空间实体。

国际上地理信息系统的发展始于 20 世纪 60 年代，地理信息系统起源于北美。世界上第一个运行性地理信息系统是在 1963 年加拿大土地调查局为了处理大量的土地调查资料，由测量学家 R. F. Tominson 提出并建立的。20 世纪 70 年代以后，由于计算机软硬件迅速发展，特别是大容量存储功能磁盘的使用，为地理空间数据的录入、存储、检索、输出提供了强有力的支撑，使 GIS 朝实用方向迅速发展。20 世纪 90 年代，GIS 已成为确定性产业，投入使用的 GIS 系统，每 2～3 年就翻一番。GIS 技术已渗透到各行各业，愈来愈多的国际性会议、学术刊物以 GIS 为主题，它已成为人们规划管理中不可缺少的应用工具。

3.3.2 GIS 技术在选址中的应用

选址问题是一个系统工程，选址过程中涉及的影响因素很多，而 GIS 很容易将影响选址的各种因素联系在一起，利用地理空间数据进行操作与分析，将原本缺乏联系的要素整合在一起。基于 GIS 的选址模型，利用计算机的交互分析工具与数学规划模型建立选址模型，先利用 GIS 定区，再利用数学规划的方法进行优化，使得到的选址结果更加精确，更加符合客观事实。

76

本文主要使用 GIS 中网络分析模块和其他空间分析模块作为补充技术综合解决民宿的选址问题。网络分析是一种兼具模拟和分析的空间分析方法,通过对资源在网络上的流动进行模拟和分析,从而对网络结构进行优化[32]。基于 GIS 的网络分析在选址和空间布局方面的研究已经较为成熟,而且相对于传统缓冲区分析更具有实用性和客观性。例如邢晓娟以常德市北部新城的城市公园绿地布局为例,比较分析了缓冲区分析和网络分析两种分析技术,证明了网络分析方法的客观性和真实性[33]。基于 GIS 的网络分析选址包括设施服务区分析、最小化阻抗模型分析、最大化覆盖范围与最小设施点数模型等技术工具[34],这些技术工具关注的焦点和解决的问题都各有侧重。目前相关选址研究中,有应用某一个技术来解决选址问题的,也有综合运用多种选址技术来达到研究目标的。例如曹阳聚焦于教育设施的服务人口数量研究,通过运用最小化阻抗模型对教育设施服务进行空间关系的量化分析计算,从而优化教育设施服务人口数量规模[35];应急避难场所选址布局问题一般适用于最小设施点及最大覆盖模型的求解,在这一思路下,蒋柱结合商务住宅 POI 数据,对长沙市现状应急避难场所进行优化方案设计[36]。

GIS 网络分析法在服务类设施的选址布局研究方面,具备了丰富的借鉴案例,而且具有较高的灵活性,可以与其他空间分析方法或者模型组合使用,也可以与一些统计学方法或者人工智能算法相结合,从而解决更为复杂的选址布局问题。

3.3.3　GIS 技术在选址中的优势

利用 GIS 与数学规划相结合进行选址,有许多优点,特别是当对选址要求越高、精度要求越准时,基于 GIS 选址的模型优势越明显。基于 GIS 的选址方法优点如下。

(1) 快速地整合选址信息。选址问题是一个系统工程,影响设施选址的因素很多,信息量庞大,利用 GIS 进行选址,可以迅速地将研究区内的选

址影响因素进行整合,使定性、定量因素和地理信息数据相融合,从而迅速、灵活地处理选址影响因素。

(2) 地物位置信息准确。包括选址点、需求点在内的所有分析点的坐标信息准确,而且两点间的距离完全不必再用直线或者估算,而是考虑实际道路,甚至路况和坡度也一目了然。

(3) 可视化功能强大。利用 GIS 进行选址,可避免使用传统选址方法中烦琐的数学公式,研究者可以时时跟踪和调整选址过程中的不利因素,如同在地图上找点,实现人与机器的结合。

(4) 网络更新和定位功能。GIS 平台可与互联网连接,在选址的同时,时时更新网络数据,还可以对车辆和地物实现定位功能[37]。

本章参考文献

[1] 黄晓春.筹建民宿的六大核心步骤[J].中国房地产,2018(11):64-68.

[2] 彭黎君.川西古镇旅游服务设施评价体系研究[D].成都:西南交通大学,2012.

[3] 张海洲,陆林,张大鹏,等.环莫干山民宿的时空分布特征与成因[J].地理研究,2019,38(11):2695-2715.

[4] LONG Fei. The evaluation system and application of the homestay agglomeration location selection[J]. Journal of Resources and Ecology,2019,10(3):324.

[5] 王珺玥,马妍,沈振江,等.厦门市民宿空间分布特征及空间布局优化思考[J].规划师,2019,35(1):71-76.

[6] 张志荣,万田户,袁敏.婺源旅游民宿空间分布及其影响因素研究[J].江西科学,2020,38(1):130-134.

[7] 龙飞,刘家明,朱鹤,等.长三角地区民宿的空间分布及影响因素[J].地理研究,2019,38(4):950-960.

[8]　刘大均.成都市民宿空间分布特征及影响因素研究[J].西华师范大学学报(自然科学版),2018,39(1):89-93.

[9]　查爱苹,徐娜,后智钢.经济型酒店微观选址适宜性研究——以上海中心城区锦江之星为例[J].人文地理,2017,32(1):152-160.

[10]　黄莹,甄峰,汪侠,等.电子商务影响下的以南京主城区经济型连锁酒店空间组织与扩张研究[J].经济地理,2012,32(10):56-62.

[11]　侯国林,梁艳艳.山地宾馆空间布局特征及影响因素——以庐山为例[J].南京师大学报(自然科学版),2015,38(4):145-151.

[12]　王春燕,张华.遗传算法在配送中心选址中的应用[J].物流技术,2007(4):111-113.

[13]　秦固.基于蚁群优化的多物流配送中心选址算法[J].系统工程与实践,2006(4):120-124.

[14]　黄敏镁.粒子群算法在物流中心选址中的应用[J].计算机工程与应用,2011,47(4):212-214.

[15]　姜山.基于模拟退火算法的应急系统选址优化[J].物流技术,2011,30(5):142-143.

[16]　李彤,王众托.模拟植物生长算法在设施选址问题中的应用[J].系统工程理论与实践,2008(12):107-115.

[17]　曾成培.基于启发式算法的逆向物流回收网络设施选址研究[D].天津:天津大学,2007.

[18]　刘磊,郑国华,刘菁,等.基于粗糙集理论与德尔菲法相结合的物流园区选址研究[J].物流技术,2008,27(1):37-40.

[19]　夏玉森,周海云.模糊综合评判在军事物流中心选址中的应用[J].包装工程,2006,27(1):142-143.

[20]　ARYA V, GARG N, KHANDEKAR R, et al. Local search heuristics for k-median and facility location problems[J]. SIAM Journal on Computing,2004,33(3):544-562.

[21]　徐斌,李南,白芳.粮食分销网络中配送中心选址双层规划模型

[J].工业技术经济,2006,25(10):113-115.

[22] 蒋忠中,汪定伟.B2C 电子商务中配送中心选址优化的模型与算法[J].控制与决策,2005,20(10):1126-1128.

[23] 许德刚,肖人彬.改进神经网络在粮油配送中心选址中的应用[J].计算机工程与应用,2009,45(35):216-219.

[24] 谷淑娟,高学东,刘燕弛,等.基于多尺度网格模型的物流配送中心选址候选集构建方法[J].控制与决策,2011,26(8):1141-1146.

[25] 严冬梅,李敏强,寇纪淞.需求随时间变化的物流中心动态选址[J].系统工程,2005,23(6):30-33.

[26] 周爱莲,李旭宏,毛海军.一周多周期的物流中心稳健性选址模型研究[J].系统工程学报,2009,24(6):688-693.

[27] 张云凤,乔立新,刘伟东.基于仿真技术的配送中心选址方法研究[J].物流技术,2005(12):31-33.

[28] 张锋,但琦.基于 AHP-整数规划法的油料配送中心选址模型[J].物流工程与管理,2010,32 (1):101-103.

[29] 黄其新,周霄.基于文化真实性的乡村民宿发展模式研究[J].农村经济与科技,2012,23(12):68-69.

[30] CIARKE J. Farm accommodation and the communication mix[J]. Tourism Management,1996,17(8):611-616.

[31] TIMOTHY D J,TEYE V B. Tourism and the lodging sector[M]. New York:Oxford,2009.

[32] 刘湘南,王平,关丽,等.GIS 空间分析[M].3 版.北京:科学出版社,2017.

[33] 邢晓娟,李翅,董明,等.基于 GIS 网络分析的城市公园绿地布局研究[J].城市勘测,2019(5):56-62.

[34] 陈绍鹏.基于 GIS 的武汉市洪山区微型公共空间选址与优化研究[D].武汉:武汉大学,2017.

[35] 曹阳.城郊公共服务设施选址布局合理性及优化研究[D].大

连:辽宁师范大学,2015.

　　[36]　蒋柱,戚智勇,肖淦楠.基于多源数据的城市避难场所服务能力评价与规划应对[J].中外建筑,2020(1):53-57.

　　[37]　朱胜杰.基于GIS的公路零担物流营业部选址问题研究[D].哈尔滨:东北农业大学,2015.

第 4 章　民宿选址影响因素分析

民宿从本质上来讲是住宿业消费升级的产物,是旅游配套的升级产品。地域不同,各地区自然环境、人文资源、经济水平千差万别,各地区的消费水平、消费偏好也随之各异。如何根据鄂西武陵山区的实际情况提出相宜的选址因子指标体系,是本章重点探讨的内容。

本章运用德尔菲法,确立民宿选址的指标因子体系。结合相关的文献研究、设计民宿选址意向问卷调查表,选择专家团队对民宿选址的指标因子内容进行咨询和意见收集,对咨询结果进行分析处理,得出民宿核心的选址指标因子,作为后期回归分析中的自变量因子。

4.1 德尔菲法的理论启示

4.1.1 德尔菲法的基本内容

德尔菲法又称专家调查预测法,此类方法是通过匿名的反复多次的专家问卷调查与信息反馈方式,得出对某一特定论题与问题的共识[1]。经过多次的实践表明,匿名反馈可以有效地规避对权威的屈从或对多数的行为盲从而造成的对结果的干扰[2]。德尔菲法是一种定性预测分析方法,该方法探讨的指标因子相对来说比较全面,民宿选址影响因子研究方面目前比较薄弱,所以需要根据相关专家的集体的专业知识和经验对指标因子的内容进行判断。

德尔菲法的实施步骤:(1)确立研究课题,确立研究的问题和目标;(2)

选择专家,成立专家团队,一般控制在 50 人以内;(3)设计专家问卷调查表,可以根据相关的文献综述形成问卷调查表,并且要求专家对问卷调查表的内容提出自己的建议或者意见,以便对问卷调查表的内容进行优化修改;(4)进行两轮及以上专家意见征询与有控制的反馈,在产生不同专家意见时,都要保留到下一轮,并进行相关的补充说明,让专家对征询内容进行充分的思考和评判,直到专家的意见都趋于一致,达成较高的共识程度时,才可以停止征询专家意见;(5)汇总、统计、分析调查结果[3]。

德尔菲法的主要特点包括专家匿名性,主要体现在咨询专家的过程中,要求专家之间不得讨论,以免造成对彼此的干扰意见。德尔菲法对指标的甄选具有严格的要求,问卷咨询过程具有不断重复和有控制的反馈的特点。

4.1.2　德尔菲法的关键问题环节

德尔菲法在执行过程中有几个关键环节需要关注一下,主要如下所示。

(1)对专家的选择是德尔菲法研究过程中的重要步骤,它关系到研究结果的质量,因为研究结果直接来自专家的意见。研究中大多没有提供或者仅提供了有限的专家选择的细节,未来的德尔菲法研究必须要有一个高质量的、严格的专家选择过程,其中包括预先制定的标准以及专家的专业领域、资历和能力等。

(2)初步形成的问卷调查表应当由专家确认,包括由文献综述产生的问卷调查表都应当由专家进行确认,允许专家对问卷调查表进行修改与补充,通过专家来确定是否正确地说明了问题,以免产生无效的结果,研究的样本文献中只有少数研究由专家对问卷调查表进行了确认。

(3)在专家回复意见并且达成共识的过程中,专家对问题的描述至关重要,因为专家的回复基于很多假设和推测,在任何一个步骤中必须允许他们修改说明他们前面的回复,虽然花费时间,但是可以提高结果的有效性。粗略地回复分析是德尔菲法研究的误区之一。

(4)德尔菲法研究的主要目的是达成对一系列事项相对重要性的共

识,W 系数(共识率)的推荐值是 0.7,但只有少数的研究达到了 0.7。在专家没有达成共识时,也就是 W 系数小于 0.7 时,方法学家的建议是只要明确说明了停止意见征询的理由,并合理地给出结论,无法达成共识时,德尔菲法的研究结果也是有效的。

(5)对专家不同意见的处理。在应用过程中经常出现只有很少的相同意见或者根本没有相同意见的情况,这种意见不同或者少数人的观点往往在德尔菲法研究中被忽视。忽略专家的不同意见,就容易产生虚假的共识。历史表明,有时事物的发展恰恰与少数专家意见一致,重视研究中持异端意见的专家不仅有助于探索未来的不确定性,同时可以避免重大失误,应当把不同的意见在问卷调查表中作出说明,而不应当由主持者对问题加以取舍,把自己的意见和观点加入下一轮提供的反馈中。这样做势必会改变德尔菲法研究的性质,如果将主持者的意见加入其中,最终的结果有可能会改变专家的意见。目前对德尔菲法研究的调查没有探究专家意见不同的问题,样本文献中极少数的研究提到了专家的不同意见,建议在德尔菲法的研究过程中报告专家的不同意见,并对不同意见作出评论,如果专家意见离散度较大,应分析各方面的论据,采取其他方式进行综合分析,得出最终结论[3]。

4.2 民宿选址因素的梳理

4.2.1 民宿选址文献研究

基于前期的文献研究以及相关案例研究,总结出目前国内外民宿选址的一般指标因子及内容,形成问卷调查表,并在专家意见征询的第一轮要求专家对问卷调查表进行修改与补充[4]。鉴于目前关于民宿选址因子的研究集中在定性描述研究上,笔者对研究对象进行拓展,延伸至住宿业相关领域的酒店、宾馆选址问题研究,并且综合考虑民宿资源评价等相关研究,对研究对象的年份指标因子构成及分析方法进行梳理分析，见表 4-1。

表 4-1　民宿选址因子相关研究

研究对象	年份	指标因子构成	分析方法
上海锦江之星酒店	2017	社会经济基础、交通条件、商业因素、公共服务 4 个一级指标以及 13 个二级指标	综合熵权法、加权平均叠加法、GIS 分析法[5]
青岛主城区经济型连锁酒店	2012	自然山水要素、历史文化要素、城市建设要素、交通便捷程度、公共服务要素、商业服务要素 6 大二级指标	ArcGIS 网络分析法、层次分析法[6]
庐山景区内宾馆饭店	2015	空间、交通、景点的邻近效应、海拔高度、坡度、坡向、星级宾馆与商业中心之间的距离、自然环境	ArcGIS 分布指数分析法[7]
莫干山地区民宿	2019	风景景观、发展基础、社会因素和区位因素	平均最近邻距离分析、标准差椭圆、核密度估计、缓冲区分析、GIS 空间分析法、地理探测器[8]
厦门市民宿	2019	民宿位置、内部空间结构、外部环境和服务	最近邻分析法、核密度分析法和自然语义分析法[9]
婺源地区民宿	2020	自然环境、区位交通、社会发展、景区流量、地域文化	GIS 数据分析法[10]
长三角地区民宿	2019	单位面积旅游收入、A 级景区数量、人口密度、地区国内生产总值	GIS 空间分析法、多因素逐步回归分析法[11]
成都市民宿	2018	商业发展水平、交通可达性	GIS 空间分析法和回归分析法[12]

续表

研究对象	年份	指标因子构成	分析方法
民宿	2015	建筑载体、住宿设施、餐饮设施、交通条件、服务人员态度、用餐品质、周边风景与视野、休闲体验活动、当地特色产业表现、与当地居民互动、对当地生活品质的影响	层次分析法和模糊综合评价法[13]

依据上述文献研究,对上述因子进行归纳梳理,结合鄂西武陵山区的民宿旅游现状和游客的现实需求,笔者对民宿的选址因子进行筛选整理,选取民宿建筑载体、周边乡土环境、民俗文化氛围、配套设施、旅游资源、交通便捷性等方面来讨论。民宿建筑可以体现当地地域文化特色,也可以体现民宿经营者对"家"氛围的诠释;生态旅游是当下人们所向往的,好的自然乡土环境对游客的体验来说至关重要;感受当地民俗风情、体验地域文化,是目前民宿旅游的重要方向;民宿的配套设施包括休闲、餐饮、购物、医疗等服务设施,这些设施可以与民宿自身服务功能形成互补;民宿周边的旅游景点是游客旅游的重要动机,高人气的景点对游客的吸引力显著,还有一些现代旅游事件对当地民宿产生了积极影响,例如野三关镇举办的国际半程马拉松比赛,对当地旅游形象起到了很好的宣传作用;在鄂西武陵山区,交通制约当地民宿旅游的发展,如何基于现有交通条件,最大限度地提升游客的交通体验感,也是民宿旅游中不可忽视的部分,而且交通网络作为串联旅游景点、配套设施和民宿的基础,不仅反映在游客出入境旅游的方便程度上,也体现在对配套设施点和旅游景点的可达性上。

通过以上分析和梳理,最后确立民宿选址的核心指标因子:民宿建筑特色、民宿所在地的自然乡土特征(山水林田)、距离景点的便捷性、周边休闲设施配套、周边的景区人气、周边餐饮设施配套、周边购物设施配套、周边医疗服务设施配套、民宿所在地的现代旅游事件(如马拉松)、民宿所在地的民俗文化氛围、交通便捷度(表4-2)。在形成此问卷调查表的基础上,在问卷咨询的过程中要求专家对问卷调查表进行补充、修改。

表 4-2　民宿选址核心指标因子

序号	因子
1	民宿建筑特色
2	民宿所在地的自然乡土特征（山水林田）
3	距离景点的便捷性
4	周边休闲设施配套
5	周边的景区人气
6	周边餐饮设施配套
7	周边购物设施配套
8	周边医疗服务设施配套
9	民宿所在地的现代旅游事件（如马拉松）
10	民宿所在地的民俗文化氛围
11	交通便捷度

4.3　民宿选址意向问卷设计

本次专家咨询是基于前期的文献研究及相关案例研究，对民宿选址的影响因子进行调查分析。

4.3.1　咨询专家团队的确立

专家是否具有代表性直接影响最终结果的客观性[14]。本研究共选取15 位专业人士组成专家团队，该团队可分为两大类别：规划、景观、建筑和旅游相关专业人士；民宿相关政策制定者。其中，规划、景观、建筑和旅游相关专业人士共 8 名，民宿相关政策制定者共 7 名。在咨询过程中需要遵守参与专家的匿名规则，要求专家独立完成评价意见。

4.3.2　设计问卷调查表

根据德尔菲法,采取线上访谈的方式,对受邀专家进行多轮咨询与意见反馈,征询专家对民宿选址因子的重视程度采用 Likert5 量表,受访专家对 11 个民宿选址因子进行重要程度评价,从非常不重要到非常重要,赋值从 1 分至 5 分。

专家可以对问卷调查表(表 4-3)的指标内容反馈自己的建议或者意见,或者补充自己认为重要的指标因子,并且将相关依据附在建议后面,保留专家意见,下一轮咨询的时候,将各位专家的意见附在问卷调查表中,通过专家的意见,对上一轮的指标进行增删修订,对不同的专家意见予以保留,经过多轮充分反复沟通交流,旨在让专家最后就问卷调查表的内容达成最大共识。

表 4-3　专家问卷调查表

序号	因子	非常不重要	不重要	一般	重要	非常重要
1	民宿建筑特色					
2	民宿所在地的自然乡土特征(山水林田)					
3	距离景点的便捷性					
4	周边休闲设施配套					
5	周边的景区人气					
6	周边餐饮设施配套					
7	周边购物设施配套					
8	周边医疗服务设施配套					
9	民宿所在地的现代旅游事件(如马拉松)					
10	民宿所在地的民俗文化氛围					
11	交通便捷度					

补充:您认为需要增加或者修改的因子有哪些? 请具体说明您的理由。

4.4　咨询过程及结果分析

4.4.1　分析方法的指标

对专家的咨询结果,需要进行一些统计学分析,对专家的意见进行量化评估。本文采用专家的评分算术平均值、标准差、变异系数等统计指标,用来描述咨询结果的集中程度和离散程度[15]。变异系数与专家对指标重要性认识程度息息相关,专家共识率越高,呈现的变异系数越小,反之,数值越大。

（1）各项指标因子的算术平均值用 E 表示。

$$E_i = \frac{1}{p} \sum_{j=1}^{5} E_j n_{ij}$$

其中,p 表示专家人数,E_i 表示第 i 个指标的算术平均值,n_{ij} 表示第 i 个指标为第 j 级重要程度的专家人数[16]。

（2）各项指标因子的标准差用 σ_i 表示。

$$\sigma_i = \sqrt{\frac{1}{p-1} \sum_{n=1}^{5} n_{ij} (E_j - E_i)^2}$$

其中,σ_i 表示专家对第 i 个指标的重要程度的评价的分散程度。

（3）各项指标因子的变异系数用 V_i 表示。

$$V_i = \frac{\sigma_i}{E_i}$$

变异系数即各项指标因子的标准差 σ_i 与算术平均值 E_i 相除的商。

4.4.2　第一轮咨询过程结果分析

第一轮专家的回复率 100%,分别对第一轮问卷调查中各项指标的标

准差、算术平均值、变异系数进行计算,结果如表 4-4 所示。

经过对第一轮专家咨询结果进行数据处理分析后发现,"民宿所在地的现代旅游事件(如马拉松)"指标的算术平均值相对其他指标偏小且变异系数大,专家对此指标的意见是"现代旅游事件在该地区刚刚起步,并没有形成一个长期稳定的机制化旅游因素,不适合放入民宿选址的指标体系中",故将该指标删除,并将剔除理由反馈到第二轮的意见咨询中,看专家对此处理结果能否形成共识。专家的另外提议如下:其一,将"周边的景区人气"与"距离景点的便捷性"合并,即"至受欢迎景点的便捷性",可以避免指标内容的重复交叉;第二,对购物设施进行补充解释,购物设施包括了满足生活一般需求的便利店和满足旅游需求的特色旅游纪念物售卖点。

表 4-4　第一轮专家咨询结果

序号	因子	标准差	算术平均值	变异系数
1	民宿建筑特色	0.5936	4.7333	0.1254
2	民宿所在地的自然乡土特征(山水林田)	0.6172	4.6667	0.1323
3	距离景点的便捷性	0.9258	4.0000	0.2315
4	周边休闲设施配套	0.8619	4.2000	0.2052
5	周边的景区人气	0.9904	3.5333	0.2803
6	周边餐饮设施配套	0.9612	3.9333	0.2444
7	周边购物设施配套	1.0998	3.2667	0.3367
8	周边医疗服务设施配套	0.7037	3.9333	0.1789
9	民宿所在地的现代旅游事件活动(如马拉松)	1.1832	2.6000	0.4551
10	民宿所在地的民俗文化氛围	0.8837	4.0667	0.2173
11	交通便捷度	0.7037	4.2667	0.1649

4.4.3　第二轮咨询过程结果分析

在修改指标内容后,对专家进行第二轮函询,问卷调查中各项指标的标准差、算术平均值、变异系数如表 4-5 所示。

对表 4-5 中的专家咨询结果分析可知,在第二轮咨询过程中,专家对上一轮的修改结果形成了高度共识,因此,最终形成了民宿建筑特色、周边休闲设施配套、民宿所在地的自然乡土特征(山水林田)、至受欢迎景点的便捷性、周边餐饮设施配套、周边购物设施配套、周边医疗服务设施配套、民宿所在地的民俗文化氛围、交通便捷度 9 个核心指标因子。其中,专家对民宿建筑特色重视度最高,其次对民宿所在地的自然乡土特征(山水林田)和交通便捷度的重视度较高。

表 4-5　第二轮专家咨询结果

序号	因子	标准差	均值	变异系数
1	民宿建筑特色	0.4140	4.8000	0.0863
2	周边休闲设施配套	0.7237	4.3333	0.1670
3	民宿所在地的自然乡土特征(山水林田)	0.4577	4.7333	0.0967
4	至受欢迎景点的便捷性	0.7746	4.2000	0.1844
5	周边餐饮设施配套	0.5606	4.2000	0.1335
6	周边购物设施配套	0.7237	3.6667	0.1974
7	周边医疗服务设施配套	0.7037	3.9333	0.1789
8	民宿所在地的民俗文化氛围	0.6761	4.2000	0.1610
9	交通便捷度	0.5071	4.4000	0.1152

本章参考文献

［1］　秦麟征.预测科学——未来研究学［M］.北京:方志出版社,2007.

［2］　秦慧琳.影响客户选择老年公寓的因素分析［D］.重庆:重庆大学,2015.

［3］　曾照云,程安广.德尔菲法在应用过程中的严谨性评估——基于信息管理视角［J］.情报理论与实践,2016,39(2):64-68.

[4] MARTINO J P. The Delphi method：techniques and applications [J]. Technological Forecasting & Social Change,1976,8(4):441-442.

[5] 杨海静,杨力郡.产业集群视角下莫干山民宿区域品牌发展战略[J].台湾探索,2019(2):17-22.

[6] 王悦.基于大数据的旅游城市经济型酒店布局适宜性评价[D].青岛:青岛理工大学,2018.

[7] 周玮,张柏生.新时代乡村民宿发展助力乡村振兴的实证研究——以南京市溧水区为例[J].南京晓庄学院学报,2020,36(1):118-122.

[8] 黄冠华.乡土文化在民宿开发中的构建与表达研究[J].北京农业职业学院学报,2020(3):12-18.

[9] 张希.乡土文化在民宿中的表达形态:回归与构建[J].闽江学院学报,2016,37(3):114-121.

[10] 邹锡.情感体验下民宿乡土文化的表达研究[D].南昌:江西农业大学,2017.

[11] 陈沫,齐岩波,刘海霞.台湾民宿产业发展及对大陆民宿的经验借鉴[J].旅游纵览,2014(10):274-276.

[12] 关晶,张朝枝.民宿业背景下乡村绅士化的特征与驱动机制——莫干山镇案例研究[J].旅游论坛,2020(2):81-93.

[13] 李德梅,邱枫,董朝阳.民宿资源评价体系实证研究[J].世界科技研究与发展,2015,37(4):404-409.

[14] 胡春萍,杨君.德尔菲法在构建政府绩效指标体系中的应用——以乡镇政府为例[J].陕西行政学院学报,2007(1):10-11.

[15] 曹振宇,周根贵.供应链管理绩效评价指标体系研究[J].企业经济,2003(7):20-21.

[16] 何青峰.老龄化背景下城市"适老化"住宅建设研究[D].杭州:浙江大学,2012.

第 5 章　民宿选址预测模型构建

利川市民宿发展规模十分庞大(图5-1)，是鄂西武陵山区民宿发展的佼佼者。利川市的旅游景点资源、交通、区位等基础条件都比较优越，从当地民宿游客的行为特征分析来看，他们偏向于选择靠近高速公路出入口和高铁站的旅游目的地。从实际游客反馈的情况来看，利川市充分利用了当地

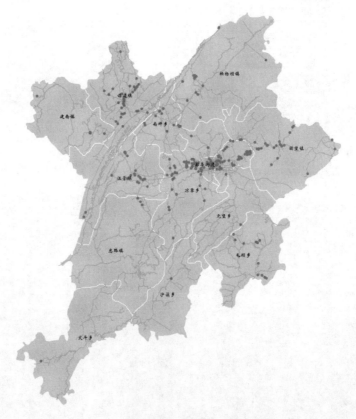

图 5-1　利川市现有民宿 POI 空间分布

旅游资源、区位、政策和市场的优势,民宿产业发展获得了游客的认可。本研究拟通过对利川市民宿分布的空间规律进行探究,提炼该地区民宿选址布局的关键因素,并且将这种选址因子的空间关系进行量化,多元线性回归分析方法可以帮助我们实现这一研究目标。

本章基于多元线性回归分析方法,将利川市民宿作为样本,构建民宿选址预测模型。对民宿选址的自变量因子进行量化,因变量选取民宿的游客评分;搜集利川市民宿选址的指标因子数据,建立利川市民宿样本数据集;应用 SPSS 软件对民宿选址变量因子建立回归分析,并且对多元因子的线性回归关系进行参数检验,校正回归预测数据,最后得到合理的民宿选址预测模型。

5.1　多元回归分析方法介绍

5.1.1　多元回归分析方法的基本介绍

回归分析(regression analysis)是研究变量之间作用关系的一种统计分析方法,其基本组成是一个(或一组)自变量与一个(或一组)因变量。回归分析研究的目的是对搜集到的样本数据用一定的统计方法探讨自变量对因变量的影响关系,即原因对结果的影响程度。回归分析是指对具有高度相关关系的现象,根据其相关的形态,建立一个适当的数学模型(函数式),来近似地反映变量之间关系的统计分析方法。利用这种方法建立的数学模型称为回归方程,它实际上是相关现象之间不确定、不规则的数量关系的一般化。

回归分析是统计学方法,可以通过一组自变量(预测变量)来预测一个或多个因变量(响应变量)[1]。回归分析是在相关分析确定变量之间的相互影响关系之后,再确定变量之间的定量关系的方法,因此,一般情况下,相关

分析要先于回归分析进行,即应先确定出变量间的关系是线性还是非线性,再应用相关的回归分析方法。在应用回归分析方法之前,散点图分析是常用的探索变量之间相关性的方法。回归分析发展史上的里程碑,是18世纪中叶人们创建了基本的计算方法后,从而与此相关地发明了最小二乘法。直到20世纪中期发明了计算机之后,多元回归分析方法才被越来越多地应用于海量计算,从而加快了回归分析方法的应用、传播和发展。

回归分析研究的主要问题如下。

(1)确定 Y 与 X 间的定量关系表达式,这种表达式称为回归方程。

(2)对求得的回归方程的可信度进行检验。

(3)判断自变量 X 对因变量 Y 有无影响。

(4)利用所求得的回归方程进行预测和控制。

回归分析的种类如下。

(1)按涉及自变量的多少,可分为一元回归分析和多元回归分析。一元回归分析是对一个因变量和一个自变量建立回归方程;多元回归分析是对一个因变量和两个或两个以上的自变量建立回归方程。

(2)按回归方程的表现形式不同,可分为线性回归分析和非线性回归分析。若变量之间是线性相关关系,可通过建立直线方程来反映,这种分析叫作线性回归分析;若变量之间是非线性相关关系,可通过建立非线性回归方程来反映,这种分析叫作非线性回归分析。

应用回归分析的步骤如下。

步骤1,写出研究的问题和分析目标。

步骤2,选择潜在相关的变量。

步骤3,搜集数据。

步骤4,选择合适的拟合模型。

步骤5,模型求解。

步骤6,模型验证和评价。

步骤7,应用模型解决研究问题。

步骤1、2、3是通过所要解决问题的相关知识确定影响因子,多元回归分析的主要任务是完成步骤 4、5、6,选择模型、模型求解以及模型验证。

相关分析研究的是现象之间是否相关、相关的方向和密切程度,一般不区别自变量或因变量。而回归分析则要分析现象之间相关的具体形式,确定其因果关系,并用数学模型来表现其具体关系。例如,从相关分析中可以得知"质量"和"用户满意度"这两个变量密切相关,但是这两个变量之间到底是哪个变量受哪个变量的影响,影响程度如何,则需要通过回归分析方法来确定。一般来说,回归分析是通过规定因变量和自变量来确定变量之间的因果关系,建立回归模型,并根据实测数据来求解模型的各个参数,然后评价回归模型是否能够很好地拟合实测数据;如果能够很好地拟合,则可以根据自变量做进一步预测。

以民宿选址为例,影响因变量(民宿经营成效)的因素不是一个而是多个,一般称这类问题为多元回归分析问题,它是多元统计分析的各种方法中应用最广泛的一种[2]。

回归方程一般用下列方程表示。

$$Y = A + B_1X_1 + B_2X_2 + B_3X_3 + \cdots + B_nX_n + \varepsilon$$

当 $n=1$ 时,为简单线性回归或者一元线性回归;当 $n>1$ 时,为多元线性回归。

如果在前提条件不能满足的情况下,通过回归分析方法得到的回归模型和分析结果可能是完全错误的,尤其是多元回归分析中存在更多复杂的情况需要考虑。多元线性回归需要变量满足的条件如下。

(1) 线性趋势。自变量与因变量之间呈线性关系,而不是非线性关系。如果是非线性,则不能采用线性回归来分析。这些可以通过散点图来判断是不是满足此要求。

(2) 独立性。因变量 Y 取值相互独立,即残差间相互独立,不存在自相关,否则应当采用自回归模型来分析,这点可以通过 DW 参数或者时间序列分析中的自相关分析来检验。

(3) 正态性。就自变量的任何一个线性组合,因变量 Y 均服从正态分布,否则应对因变量实施变换,如对数变换或倒数变换等。

（4）残差方差齐性。标准化残差的大小不随变量取值的改变而改变，否则要用协整检验分析。

（5）样本量。记录数应当在希望分析的自变量数的 20 倍以上为宜。

（6）多重共线性。自变量之间不存在多重共线性。如果存在过于复杂的共线性也会影响回归模型的准确性。

5.1.2　SPSS 回归分析工具

本研究利用 SPSS 软件进行多元线性回归分析，SPSS 是非常流行的社会学统计分析软件[3]。SPSS 的基本功能包括数据管理、统计分析、图表分析、输出管理等版块；我们会应用到的 SPSS 统计分析过程是回归分析；可以利用 SPSS 的绘图程序，对回归数据的一些特征值进行图示化表达[4]。总体来看，SPSS 软件统计分析功能很强大，操作也比较简单，适合应用于本研究中对回归预测模型进行分析。

图 5-2　SPSS 软件用户界面

2000 年,SPSS 公司由于产品升级及业务拓展的需要,将其英文全称正式更名为 statistical product and service solutions,即统计产品与服务解决方案。它和 SAS(statistical analysis system)和 BMDP(bio medical data processing)并称为世界级的 3 大统计工具软件。

SPSS 名为社会学统计软件,但它在社会科学、自然科学的各个领域都能发挥巨大作用,在经济学、生物学、心理学、医疗卫生、体育、农业、林业、商业、金融等各领域均有广泛的应用[5]。SPSS 提供了一种很友好的用户界面,需要什么统计功能,直接单击菜单即可(图 5-2)。通过简单的菜单式操作,就可以方便地规范和融合搜集到的原始数据,并能实施从简单的描述性统计分析到复杂的时序分析等多种方法,对数据进行建模,返回有意义的分析结果,例如客户特征的分类、发展趋势和预测等。把这些结果对应于实际,可以帮助使用者在发掘潜在客户、制定长远规划等工作上作出更加准确的判断。SPSS 的基本统计分析功能有频数分析、描述统计量分析、相关分析、回归分析、因子分析、聚类分析、判别分析、各种统计图形等。应用 SPSS进行多元回归分析操作简单,数据的录入和导出非常便捷,计算过程也相对容易。相比于人工的多元回归分析,SPSS 工具具有如下优点。

(1) 功能强大。SPSS 囊括了各种成熟的统计方法与模型,为统计分析用户提供了全方位的统计学算法,为各种研究提供了相应的统计学方法;自由灵活的表格功能,使得制表变得更加简单和直接;提供了各种常用的统计学图形,如线图、条图、饼图、直方图、散点图等多种图形,并且可以将表格直接复制到 word、PowerPoint 中,直接进行结果的展现[5]。

(2) 兼容性强。在数据方面,不仅可以在 SPSS 中录入数据工作,还能将日常的 excel 表格数据、文本格式数据直接导入 SPSS 软件中进行分析,不仅节省了大量工作量,而且可以减少因复制、粘贴而引起的错误;在结果方面,SPSS 的表格、图形结果都可以直接导入 word、文本、网页、excel 中,也可以将表格、交互式图形作为对象选择性粘贴到 word、PowerPoint 中,并

在其中用 SPSS 对它们进行编辑。

（3）易用性强。SPSS 之所以拥有广大的用户群，不仅因为它是权威的统计学工具，提供了强大的统计功能，也因为它是一种操作极其简单的工具，是一款界面友好、操作简单的软件。另外，SPSS 也向一些高级用户提供编程功能，使分析工作变得更加省时、省力。

新版的 SPSS 软件在数据管理、结果报告、统计建模等功能方面有较大提升。在数据管理上，变量名最多可以为 64 个字符长度，更新的版本中可能还要放宽这一限制，以应对当今各种复杂的数据仓库。改进的 autorecode 过程可以使用自动编码模板，使用户可以自定义顺序，而不是用默认的 ASCII 码顺序进行变量值的重编码。另外，autorecode 过程可以同时对多个变量进行重编码，以提高分析效率。在结果报告上，SPSS 推出了全新的常规图功能，报表功能也达到了比较完善的地步。新版将针对使用中出现的一些问题，以及用户的需求对图表功能做进一步的改善。统计图经过改良后，新的常规图操作界面已基本完善，除了使操作更为便捷外，还在常规图中引入更多的交互图功能（如图组 aneled charts），带误差线的分类图形（如误差线条图和线图）三维效果的简单堆积和分段饼图等，并且引入几种新的图形，已知的有人口金字塔和点密度图两种。几乎全部统计结果的输出都将弃用文本，改为更美观的枢轴表。而且枢轴表的表现和易用性会得到进一步的提高，并加入了一些新的功能，如可以对统计量进行排序、在表格中合并或省略若干小类的输出等。此外，枢轴表将可以被直接导入 PowerPoint 中，这些无疑都方便了用户的使用。在统计建模方面，新增 complex samples 模块，用于实现复杂抽样的设计方案，以及对相应的数据进行描述。一般线性模型将被完整地引入复杂抽样模块中，以实现对复杂抽样研究中各种连续性变量的建模预测功能[6]。对于分类数据，logistic 回归将会被系统地引入。这样，对于一个任意复杂的抽样研究，如多阶段分层整群抽样，或者更复杂的 SPSS 抽样，研究者都可以在该模块中轻松地实现从抽样设计、统计描述到复杂统计建模以发现影响因素的整个分析过程,方差分析模型、线性回归模型、logistic 回归模型等复杂的统计模型都可以加以使用,而操作方式将会和完全随机抽样数据的分析操作类似。

　　SPSS 软件操作简单,统计结果的输出形式简便易懂,并且其统计方法十分科学,非常适合民宿选址模型的建立,因此本次民宿选址回归模型,将采用 SPSS 软件进行回归分析,旨在建立科学的、标准化的鄂西武陵山区民宿选址模型。

5.2　利川市民宿样本数据集的构建

5.2.1　变量因子的量化

　　本书第 4 章运用德尔菲法对鄂西武陵山区民宿选址的影响因素进行了分析和提取,在进行回归样本数据构建之前,需要将这些变量因子进行量化。

　　民宿地址的适宜性选取"游客评分"进行量化;民宿建筑特色采取"1—是/0—否"进行描述;民宿所在地的自然乡土特征(山水林田)因子的量化数据选取"民宿至山水林田的直线距离",这个符合当地发展田园风光民宿的定位;民宿所在地的民俗文化氛围因素选取"民宿所在地传统民俗活动种数"进行量化,将当地的民俗文化和民宿旅游相结合;民宿至受欢迎景点的便捷性因素选取"民宿至最近受欢迎景点的车程"进行量化;民宿周边休闲设施配套因素选取"民宿至最近休闲设施的车程",民宿周边餐饮、购物、医疗服务设施配套及交通便捷度因素的量化方式与此同理(表 5-1)。

表 5-1 民宿选址的变量因子量化形式

变量类别	因子	数据量化形式
Y	民宿地址的适宜性	游客评分
X_1	民宿建筑特色	1—是/0—否
X_2	民宿所在地的自然乡土特征（山水林田）	民宿至山水林田的直线距离/米
X_3	民宿所在地的民俗文化氛围	民宿所在地传统民俗活动种数/个
X_4	民宿至受欢迎景点的便捷性	民宿至最近受欢迎景点的车程/分
X_5	民宿周边休闲设施配套	民宿至最近休闲设施的车程/分
X_6	民宿周边餐饮设施配套	民宿至最近餐饮设施的车程/分
X_7	民宿周边购物设施配套	民宿至最近购物设施的车程/分
X_8	民宿周边医疗服务设施配套	民宿至最近医疗服务设施的车程/分
X_9	交通便捷度	民宿至交通关键站点的车程/分

5.2.2 利川市民宿样本的研究范围确立

利川市地处湖北省西南部，是恩施土家族苗族自治州面积最大、人口最多的县级市。在旅游需求扩大、趋于精细化的背景下，利川市在民宿旅游上取得了较大发展[7]。利川市的旅游资源主要集中在以溶洞、山、水、气候等为载体的自然景观（如腾龙洞、玉龙洞、齐岳山、龙船水乡、"水杉王"等）及以独特的民族歌舞、传统习俗、建造艺术、民间工艺等为载体的人文景观（如鱼木寨、大水井、《龙船调》歌舞表演等）两方面[8]。旅游资源点共计 90 个。自 2015 年起，利川市积极推进民宿旅游建设，创建民宿示范村 18 个，发展推动 1379 户民宿示范户，在全国开创了旅游扶贫的新路径。

如图 5-3、表 5-2 所示，利川市交通关键站点包括利川火车站、G50 沪渝高速公路利川出入口、G5012 恩广高速公路利川西出入口；交通路网由高速公路、国道、省道、一般县道、乡道组成。

图 5-3　利川市路网分布

表 5-2　利川市主要道路

道路名称	等级	设计时速/(km/h)
G50 沪渝高速	高速	80
G5012 恩广高速	高速	80
G318 国道	国道	40
G350 国道	国道	40
G351 国道	国道	40
G242 国道	国道	40
S202 省道	省道	40
S209 省道	省道	40
S248 省道	省道	40

续表

道路名称	等级	设计时速/（km/h）
S249 省道	省道	40
S302 省道	省道	40
S326 省道	省道	40
S286 省道	省道	40
S466 省道	省道	40
S478 省道	省道	40
S366 省道	省道	40

用目标区域的道路网络和交通关键站点矢量数据构建网络数据集，运用 ArcGIS 的网络分析工具，建立服务区分析，以火车站、高速出入口为设施点，阻抗设置为"分"，默认中断为"90"分，方向为"离开设施点"，最后生成的90分交通辐射范围如图 5-4 所示。

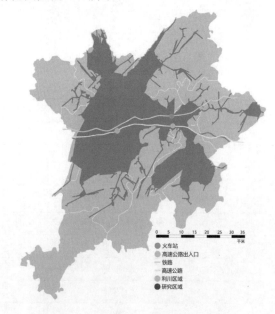

图 5-4　利川市 90 分交通辐射范围

由分析结果可以看出,利川市的 90 分交通辐射范围可以延伸至利川市各乡镇,且服务区内基本涵盖了我们所研究的民宿点。故后文以利川市全域作为研究范围。

5.2.3　变量因子数据来源

民宿样本数据来源主要为高德 POI 数据类型、OSM(open street map)的道路网络数据、地理空间数据云的 DEM 高程数据和 Landsat8 遥感影像等几个数据源。交通站点、高速出入口、餐饮设施、购物设施、旅游景点、休闲设施等 POI 数据主要获取于高德开放平台。

选取有游客评分信息的民宿相关 POI 点 92 家,通过对每个 POI 点营业信息的查询,删除其中的酒店、宾馆、公寓等非民宿类住宿设施,最后获得 46 个有效的利川市民宿 POI 点,如图 5-5 所示。

图 5-5　有游客评分信息的民宿 POI 点分布

5.2.4　利川市民宿样本数据库的构建

民宿建筑风格的特征通过实地走访调研和高德地图获取,通过对鄂西武陵山区的建筑风格进行类型识别,主要分为传统土家族建筑(图5-6)、具有一定文化符号的建筑、普通现代洋房。传统土家族建筑和具有文化特色的建筑归为有特色的民宿建筑,普通现代洋房即无特色建筑。

图 5-6　利川市白鹊山大地乡居民宿

随着民宿业的发展,政府部门推动乡村振兴,促使文化振兴,使原本开发较为成熟的利川市武陵土家族民俗文化得到了新的发展。各类具有地方文化特色的旅游活动多达 500 场[9],表 5-3 为利川市各乡镇民俗文化活动的汇总表,如下所示。

表 5-3　利川市各乡镇民俗文化活动

乡镇名称	民俗文化及特色
都亭街道办事处	山民歌、劳动号子、肉连响、摆手舞、打绕棺、打龙洞、打青教、舞龙舞狮、民间吹打乐、婚丧嫁娶、万亩梨园(春赏梨花,秋品梨子)

续表

乡镇名称	民俗文化及特色
东城街道办事处	—
谋道镇	搭撑腰（拔腰带）、扁担劲、抵杠、举石、秋千、打磨秋、踢毽子、高脚马、抱蛋、抢"贡鸡"、竹铃球
汪营镇	打飞棒、"摇旱船"、肉莲花、舞板凳龙、肉连响
团堡镇	地龙、双虎凳、武术、山药、魔芋
柏杨坝镇	灯歌、灯戏、《龙船调》歌舞表演
忠路镇	民族传统村落保护村、百年老街忆年华、莼菜、茶叶、油桐、烤烟、黄连、五倍子、生漆、橘、生姜、嬷草锣鼓、孝歌、灯歌
建南镇	黄连、贝母、厚朴、杜仲、黄柏、首乌、青蒿、鱼腥草、大黄、木瓜、"七孔子"崖窟墓遗址、王母城
凉雾乡	民宿一条街，古建筑错落有致，莼菜、布鞋
元堡乡	高山石林、人间仙境、气候宜人、物产丰富，黄鳝
南坪乡	肉连响、朝阳洞、如膏书院
毛坝镇	绕棺舞、火纸（又称冥币，专供祭祀所用）、造纸术、香垒钵、坝漆、"踩铧"——"上刀山，下火海"、神豆腐、摆手舞，保存着完整的传统造纸工艺和土家族吊脚楼原始风貌，《毛坝茶香》《六口茶》《采茶歌》、茶叶手工艺、土司文化、楹联文化
沙溪乡	烟叶、荷花村古四合院院落、张高寨古盐道民居吊脚楼群、红三军英雄纪念碑、土司城遗址
文斗乡	烟叶

通过利用 ArcGIS 对利川市 Landsat 8 遥感影像进行监督分类，获取利川市全域的农田和森林利用类型（图 5-7），并且利用 ArcGIS 的领域分析工具，分别计算民宿点至农田、森林的直线距离。

利用 ArcGIS 构建网络数据集，包括利川市道路网络、民宿点、景点、休闲设施点、餐饮点、购物点、医疗点、交通关键站点等矢量数据，利用网络分

(a) 利川市农田分布　　　　　　　(b) 利川市森林分布

图 5-7　利川市全域的农田和森林利用类型分布

析模块中最近设施点求解程序,该求解程序可测量事件点和设施点间的行程成本,然后确定最近的行程。阻抗设置为"分",分别生成民宿点至最近景点(表 5-4)、休闲设施点、餐饮点、购物点、医疗点、交通关键站点的路径,该路径即车程数据。

表 5-4　部分民宿至最近景点的路径数据

设施等级	名称	控制物	设施物	总时长/分
1	位置 1—位置 61	车辆右侧	车辆右侧	18.35
1	位置 2—位置 58	车辆左侧	车辆右侧	2.48
1	位置 3—位置 61	车辆右侧	车辆右侧	7.98
1	位置 4—位置 74	车辆左侧	车辆右侧	9.81
1	位置 5—位置 61	车辆左侧	车辆右侧	7.05
1	位置 6—位置 109	车辆左侧	车辆左侧	1.73
1	位置 7—位置 105	车辆右侧	车辆左侧	11.72
1	位置 8—位置 17	车辆左侧	车辆右侧	5.22
1	位置 9—位置 105	车辆左侧	车辆左侧	8.21
1	位置 10—位置 17	车辆左侧	车辆右侧	10.98

对受欢迎景点的数据进行筛选,公园、广场等城市建设景点不符合本研究预设的扎根乡土的民宿旅游目的,予以剔除;评分偏低的旅游景点予以剔除,最后得到 90 个受欢迎的景点。关键出入境交通站点包括利川火车站、G50 沪渝高速公路利川出入口、G5012 恩广高速公路利川西出入口。利川市民宿至最近的景点和交通关键站点路径如图 5-8 所示。

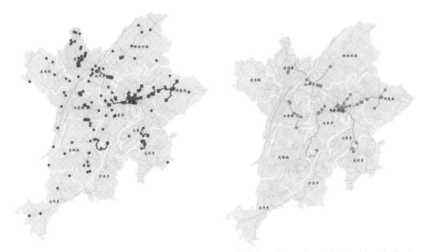

(a) 利川市民宿至最近的景点路径　　(b) 利川市民宿至最近的交通关键站点路径

图 5-8　利川市民宿至最近的景点和交通关键站点路径

休闲设施源于体育休闲服务类型 POI 数据,主要包括采摘园、休闲山庄、农家乐等类型,剔除掉 KTV、健身馆等类型。医疗服务设施 POI 点包括医院、卫生室、药房等类型,删去保健、美容等类型,共筛选出 424 个医疗服务点。卫生室在各村都有分布,大中型医院、药房集中在利川市中心城区。利川市民宿至最近的休闲点和医疗服务点的路径如图 5-9 所示。

餐饮设施 POI 点包括中餐厅、地方特色饭店等多种类型,删去大型酒店、西餐店等类型,共筛选出 1970 个餐饮点。购物设施 POI 点包括便利店、特色产品、旅游纪念品等类型,删去五金店、家电用品店等类型,共筛选出 678 个购物点。利川市民宿至最近的餐饮点和购物点的路径如图 5-10 所示。

对上述数据进行归纳整理,最后得出利川市民宿样本数据集(表 5-5)。

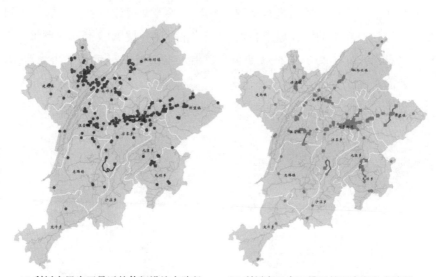

(a) 利川市民宿至最近的休闲设施点路径　　(b) 利川市民宿至最近的医疗服务点路径

图 5-9　利川市民宿至最近的休闲设施点和医疗服务点的路径

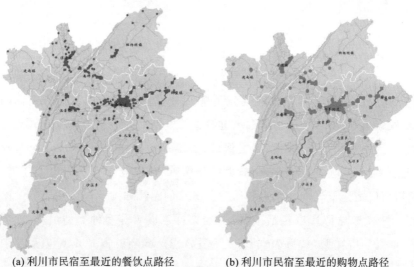

(a) 利川市民宿至最近的餐饮点路径　　(b) 利川市民宿至最近的购物点路径

图 5-10　利川市民宿至最近的餐饮点和购物点路径

表 5-5　利川市民宿样本数据集

游客评分	至农田直线距离/米	至森林直线距离/米	民宿建筑特色	传统民俗活动数量/个	至交通关键站点的车程/分	至最近受欢迎景点的车程/分	至最近受欢迎休闲设施的车程/分	至最近医疗服务设施的车程/分	至最近餐饮设施的车程/分	至最近购物设施的车程/分
3	300.00	620.06	0	1	54.64	18.35	31.78	12.19	4.91	12.34
3	210.00	787.53	0	1	33.15	30.64	22.77	0.29	2.22	0.91
3	220.00	477.85	0	1	44.27	47.98	18.78	0.46	0.10	1.39
3.2	230.00	371.98	0	1	37.71	19.62	19.02	2.15	1.98	2.27
3.5	240.00	306.30	0	1	29.64	14.10	16.49	0.16	6.22	0.26
3.5	250.00	310.38	0	1	23.63	23.47	16.52	25.50	0.23	30.19
3.5	260.00	557.46	0	1	21.51	23.44	15.14	2.26	1.89	0.43
3.5	190.02	507.25	0	1	13.04	23.58	16.90	0.06	0.07	0.09
3.5	170.00	639.84	0	1	15.60	16.42	17.22	1.48	0.53	1.07
5	124.13	91.09	1	3	7.24	6.34	5.48	0.35	0.24	0.13
5	11.00	39.96	1	2	30.39	7.10	1.54	0.75	6.66	0.61
5	22.61	148.04	1	3	3.80	1.01	0.67	0.93	0.20	0.31
5	18.00	98.70	1	3	4.36	5.86	3.15	3.83	1.40	3.59

5.3　基于利川市民宿样本数据的选址回归分析

5.3.1　回归分析过程

采用 SPSS 软件进行多元线性回归分析主要有 5 种方法。

（1）进入法（enter），所有所选自变量都进入回归模型，不作任何筛选。

（2）逐步法（stepwise），根据在 option 框中设置的纳入和排除标准进行变量筛选。逐步法结合了前进法和后退法，变量边进入边剔除。具体做法是首先分别计算不同自变量 X 与因变量 Y 之间的关系，删除与因变量没有线性关系的自变量；然后计算剩下的自变量在回归模型中与因变量的关系，考察已在多元回归方程中的变量是否有统计意义；剔除没有统计意义的自变量。重复上一个步骤，直到多元回归方程中不可以再剔除变量。

（3）剔除法（移去法）（remove），只出不进，注意其筛选以块（block）为单位。

（4）后退法（backward），步骤类逐步法，但只出不进。后退法是对已纳入方程的变量按对 Y 的贡献由小到大依次剔除，每剔除一个变量，重新计算对 Y 贡献的大小。直到方程中所有变量都符合选入的标准为止。

（5）向前法（forward），与逐步法类似，但只进不出。向前法不再考查已纳入方程的变量的显著性，其筛选过程直到方程外的变量均达不到进入标准，没有自变量引入方程为止。向前法筛选出有显著影响的因子作为自变量，并建立"最优"回归方程。

基于 SPSS 软件建立的逐步回归模型采用后退法，首先由全部自变量建立一个全回归方程，然后按照 sig. 值大于 0.05 优先被剔除的原则，将对游客评分影响不重要的自变量逐个剔除回归模型，并接受检验[10]。首先要计算民宿建筑特色、民宿周边休闲设施配套、民宿所在地的自然乡土特征（山水林田）、民宿至受欢迎景点的便捷性、民宿周边餐饮设施配套、民宿周边购物设施配套、民宿周边医疗服务设施配套、民宿所在地的民俗文化氛围、交通便捷度共 9 个自变量因子各自对游客评分的影响。

在多元回归方程中，当 sig. 值小于 0.05 时就可以认为自变量和因变量直接存在线性关系，也就是说置信区间取 $a = 0.05$。从表 5-6 可以看到"至农田直线距离"sig. 值为 0.007，远小于 0.05，故民宿至农田直线距离跟游客

评分存在线性关系;"至森林直线距离"sig.值为0.023,远小于0.05,故民宿
至森林直线距离跟游客评分存在线性关系;"民宿建筑特色"sig.值为
0.034,远小于0.05,故民宿建筑特色跟游客评分存在线性关系;"传统民俗
活动数量"sig.值为0.000,远小于0.05,故传统民俗活动数量跟游客评分存
在线性关系;"至交通关键站点的车程"sig.值为0.006,远小于0.05,故至交
通关键站点的车程跟游客评分存在线性关系;"至最近受欢迎景点的车程"
sig.值为0.022,小于0.05,故至最近受欢迎景点的车程跟游客评分存在线
性关系;"至最近休闲设施的车程"sig.值为0.019,小于0.05,故至最近休闲
设施的车程跟游客评分存在线性关系;"至最近医疗服务设施的车程"sig.
值是0.802,远大于0.05,因此,民宿至最近医疗服务设施的车程跟游客评
分不存在线性关系;"至最近餐饮设施的车程"sig.值为0.468,远大于0.05,
因此,民宿至最近餐饮设施的车程跟游客评分不存在线性关系;"至最近购
物设施的车程"sig.值是0.743,远大于0.05,因此,至最近购物设施的车程
跟游客评分不存在线性关系。

表 5-6　全部自变量因子与游客评分的关系

模型	非标准化系数		标准化系数		
	B	标准误差	Beta	t	sig.
(常量)	4.748	0.108	—	44.056	0.000
至农田直线距离	-0.001	0.000	-0.183	-2.865	0.007
至森林直线距离	-0.001	0.000	-0.180	-2.374	0.023
民宿建筑特色	0.212	0.096	0.148	2.211	0.034
传统民俗活动数量	0.118	0.029	0.191	4.011	0.000
至交通关键站点的车程	-0.008	0.003	-0.140	-2.940	0.006
至最近受欢迎景点的车程	-0.011	0.005	-0.143	-2.401	0.022
至最近休闲设施的车程	-0.021	0.009	-0.207	-2.463	0.019
至最近医疗服务设施的车程	$5.394E-6$	0.000	0.030	0.253	0.802

续表

模型	非标准化系数		标准化系数		
	B	标准误差	Beta	t	sig.
至最近餐饮设施的车程	1.133E−5	0.000	0.064	0.733	0.468
至最近购物设施的车程	−5.793E−6	0.000	−0.051	−0.331	0.743

从该分析结果可以看出,民宿周边的部分设施配套(餐饮、购物、医疗)与游客对民宿的评分相关性不显著,民宿至受欢迎景点的便捷性、民宿周边休闲设施配套、民宿所在地的自然乡土特征(山水林田)、民宿建筑特色、民宿所在地的民俗文化氛围等因子与游客对民宿的评分相关性显著。这符合现实经验认知,游客评分与住宿环境关系紧密,游客前往当地旅游的目的是以休闲度假为主,所以休闲设施对游客影响较大,而其他民宿配套设施(餐饮、购物、医疗)属于间接因素,对游客的评分影响不如前几种因素显著。

将与游客评分不存在相关性的因子剔除,重新将剩余的自变量因子输入,重新分析变量因子之间的相关性关系,结果如表 5-7 所示。

表 5-7　保留的自变量因子与游客评分的关系

系数[a]					
模型	非标准化系数		标准化系数		
	B	标准误差	Beta	t	sig.
(常量)	4.761	0.103	—	46.373	0.000
至农田直线距离	−0.001	0.000	−0.189	−3.064	0.004
至森林直线距离	−0.001	0.000	−0.183	−2.563	0.014
民宿建筑特色	0.241	0.089	0.169	2.704	0.010
传统民俗活动数量	0.115	0.028	0.187	4.041	0.000
至交通关键站点的车程	−0.007	0.003	−0.129	−2.883	0.006
至最近受欢迎景点的车程	−0.012	0.005	−0.146	−2.511	0.016
至最近休闲设施的车程	−0.021	0.008	−0.207	−2.637	0.012

a.因变量:游客评分。

上述 7 个自变量因子的 sig. 值均小于 0.05,表示所有自变量因子都与游客评分相关性显著,根据非标准化系数得到的方程如下所示。

$$Y = 4.761 + (-0.001)X_1 + (-0.001)X_2 + 0.241X_3 + 0.115X_4 + (-0.007)X_5 + (-0.012)X_6 + (-0.021)X_7$$

后面做民宿选址预测的时候,使用非标准化系数。SPSS 会自动将方程标准化,根据标准化系数得到的方程如下所示。

$$Y = -0.189X_1 + (-0.183)X_2 + 0.169X_3 + 0.187X_4 + (-0.129)X_5 + (-0.146)X_6 + (-0.207)X_7$$

标准化回归系数(Beta)测算的是自变量对因变量的重要性,根据标准化回归系数的绝对值可以判断出各个自变量对因变量的重要性排序。由结果分析可知,至最近休闲设施的车程>至农田直线距离>传统民俗活动数量>至森林直线距离>民宿建筑特色>至最近受欢迎景点的车程>至交通关键站点的车程。除此之外,根据标准化回归系数的正负值可以判断自变量和各个因变量之间的关系是正相关还是负相关,民宿建筑特色和传统民俗活动数量与游客评分呈正相关关系,代表游客更青睐有建筑特色的民宿,民宿所在地民俗活动数量越多,游客评分越高。其余自变量与游客评分存在负相关关系,民宿至农田和森林的距离越短,游客评分越高;民宿至交通关键站点的车程越短,游客评分越高;民宿至最近受欢迎景点和休闲设施的车程越短,游客评分越高。

5.3.2　回归模型检验

通过检验多元线性回归模型中的多重共线性问题、异方差问题,以及拟合度检验等问题来验证模型的可靠性[11]。具体检验步骤如下。

(1) 检验多元线性回归模型有没有多重共线性。方差膨胀因子(VIF)的值大于 10,代表该模型存在多重共线性,也就是说 VIF 大于 10 的自变量因子反映了同一个内容。多重共线性统计量表见表 5-8。各个自变量的 VIF 值分别是 3.364、4.494、3.451、1.897、1.779、2.968、5.438,都小于 10,

说明该模型不存在多重共线性。

表 5-8　多重共线性统计量表

系数[a]							
模型	非标准化系数		标准化系数		共线性统计		
	B	标准误差	Beta	t	sig.	容差	VIF
（常量）	4.761	0.103	—	46.373	0.000	—	—
至农田直线距离	−0.001	0.000	−0.189	−3.064	0.004	0.297	3.364
至森林直线距离	−0.001	0.000	−0.183	−2.563	0.014	0.223	4.494
民宿建筑特色	0.241	0.089	0.169	2.704	0.010	0.290	3.451
传统民俗活动数量	0.115	0.028	0.187	4.041	0.000	0.527	1.897
至交通关键站点的车程	−0.007	0.003	−0.129	−2.883	0.006	0.562	1.779
至最近受欢迎景点的车程	−0.012	0.005	−0.146	−2.511	0.016	0.337	2.968
至最近休闲设施的车程	−0.021	0.008	−0.207	−2.637	0.012	0.184	5.438

　　a.因变量:游客评分。

　　（2）从图 5-11 可知回归标准化残差是呈正态分布的,可以进行下一步检验。

　　（3）从图 5-12 可以看出图中的点都位于 45°线附近,可以继续检验散点图的分布状况。

　　（4）从图 5-13 可以看出散点图都在 0 的上下波动,且没有形成特别强烈的方向性,综合来看,回归模型不存在异方差性。

　　（5）进行拟合度检验:主要是运用判定系数和回归标准差检验模型对样本观测值的拟合程度。从表 5-9 可以看到判定系数 R^2 值为 0.956,调整后 R^2 值为 0.949,表示模型拟合度非常高。

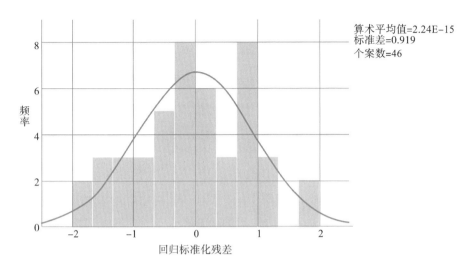

算术平均值=2.24E-15
标准差=0.919
个案数=46

频率

回归标准化残差

图 5-11　回归标准化残差直方图 (因变量:游客评分)

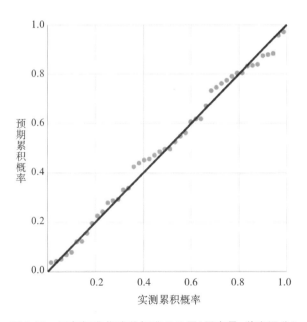

预期累积概率

实测累积概率

图 5-12　回归标准化残差标准 P-P 图 (因变量:游客评分)

121

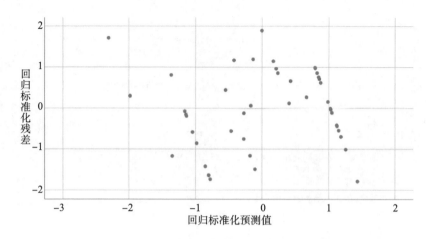

图 5-13　回归标准化残差散点图(因变量:游客评分)

表 5-9　拟合度检验

模型摘要[b]

模型	R	R^2	调整后 R^2	标准估算的误差	DW
1	0.978[a]	0.956	0.949	0.1571	1.353

a.自变量:至最近休闲设施的车程,至交通关键站点的车程,传统民俗活动的数量,至最近受欢迎景点的车程,至农田直线距离,民宿建筑特色,至森林直线距离。

b.因变量:游客评分。

本章参考文献

[1]　JOHNSON R A,WICHERN D W.实用多元统计分析[M].4版.陆璇,译.北京:清华大学出版社,2001.

[2]　孙振宇.多元回归分析与 logistic 回归分析的应用研究[D].南京:南京信息工程大学,2008.

[3]　代伟.群集应急疏散影响因素及时间模型研究[D].长沙:中南大学,2012.

[4]　李德梅,邱枫,董朝阳.民宿资源评价体系实证研究[J].世界科技

研究与发展,2015,37(4):404-409.

　　[5]　吴晓隽,于兰兰.民宿的概念厘清、内涵演变与业态发展[J].旅游研究,2018,10(2):84-94.

　　[6]　赵斌.非标准住宿形态下城市短租·民宿空间设计探析[J].江西建材,2017(14):45.

　　[7]　方美芳.精准扶贫背景下民宿旅游发展现状及对策探究——以湖北省利川市为例[J].山西农经,2018(13):48-49.

　　[8]　刘婷,梁亚东,张亦驰,等.全域旅游视角下民族地区山地旅游发展研究——以利川市为例[J].特区经济,2020(2):141-143.

　　[9]　屈艺.利川市民宿旅游游客满意度研究[D].恩施:湖北民族大学,2019.

　　[10]　白秀琴,李瑞阁.多元回归分析方法应用实证分析与比较[J].河南科学,2010,28(9):1083-1088.

　　[11]　周普.基于多元回归分析的房地产市场预测模型的设计与实现[D].长沙:湖南大学,2014.

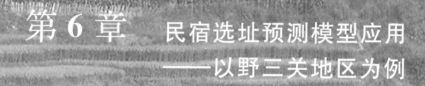

第6章 民宿选址预测模型应用
——以野三关地区为例

野三关镇是恩施土家族苗族自治州巴东县辖十二个乡镇之一,地处长江巫峡南岸巴东县城处。该镇东面与宜昌市的长阳土家族自治县交界、南与水布垭毗邻、西与绿葱坡接壤、北与娃娃寨相连[1]。野三关镇是东部外来游客进入恩施州的门户(图 6-1),从吸引本省游客的交通区位因素来看,野山关镇比利川市更具区位优势,但是现实情况正好相反,野三关镇的民宿发展还未获得游客的认可,游客的目的地大多集中于利川市、宣恩县等,对野

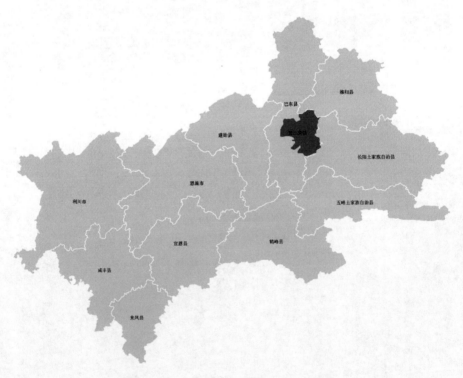

图 6-1　野三关镇在鄂西武陵山区的地理区位

三关镇的偏好程度较低。如何借鉴利川市的民宿发展经验,为野三关镇这种民宿发展滞后的地区,提供民宿在未来空间布局的高效合理的发展路径,具有重要的现实意义。

　　本章运用民宿选址预测模型,对野三关镇发展滞后地区的民宿选址进行验证和预测。在模型验证过程中,需要先构建野三关镇现有民宿的样本数据集进行回归分析,将预测的现有民宿游客评分和实际评分进行对比,将误差控制在合理范围之内,即可证明预测模型较为准确可行;继而选取民宿候选点,对该地区的民宿选址进行回归预测分析,通过剖析选址预测结果,提出针对性的选址规划建议。

6.1　野三关地区民宿数据集的搜集

6.1.1　野三关地区民宿布局的问题与诉求

　　野三关镇旅游资源有以劝农亭老街等为代表的人文景观及以森林花海、四渡河、穿心岩等为代表的自然景观,除此之外,还有以绿葱坡滑雪场为代表的商业景观,旅游资源点共计 56 个。截至 2019 年,野三关镇已有民宿350 家,2019 年夏收益达到 100 万元,在该地区相关的规划中,例如《巴东县野三关镇镇域规划(2017—2030)》,已将民宿旅游列为当地未来重点发展的产业之一。

　　野三关镇是湖北省其他城市通往鄂西的重要交通门户,巴东县的火车站设立在野三关镇,G50 沪渝高速公路上设有野三关出入口,交通路网由G50 沪渝高速公路、G318 国道、G209 国道、S245 省道、一般县道及乡道组成(图 6-2、表 6-1)。

127

图 6-2 野三关镇及周边乡镇交通路网分布

表 6-1 野三关镇及周边乡镇主要道路

道路名称	等级	设计时速/(km/h)
G50 沪渝高速	高速	80
G318 国道	国道	80
G209 国道	国道	40
S245 省道	省道	40
青白公路	—	40
谭水公路	—	40
野平公路	—	40

用目标区域的道路网络和交通关键站点矢量数据构建网络数据集,运用 ArcGIS 的网络分析工具,建立服务区,以火车站、高速出入口为设施点,阻抗设置为"分",默认中断为"90"分,方向为"离开设施点",最后生成的 90 分交通辐射范围如图 6-3 所示。

图 6-3　野三关镇 90 分交通辐射范围

　　野三关镇的 90 分交通辐射范围可以由野三关镇延伸至绿葱坡镇、茶店子镇、大支坪镇、高坪镇、清太坪镇、水布垭镇(清江以北部分),现有的民宿点均在辐射范围之内,故将上述乡镇区域统称为野三关地区。

　　根据图 6-4,在研究区域尺度对比上,野三关地区面积约为利川市的一半,这是因为野三关镇本身在行政级别上属于乡镇级别,利川市是县级市,在交通、经济等城市建设资源的投入上,野三关镇和利川市存在一定差距,最为直观的差距体现在交通关键站点和旅游景点的数量上(表 6-2)。但在面积约为利川市一半的前提下,可以发现野三关地区交通关键站点、旅游景点等重要旅游资源条件已超过利川市同类型资源条件的二分之一,再加上二者的自然地理环境同属于武陵山区,在文化上同根同源,将它们作为研究区域的对照样本,具有同质同类性,而且在未来的规划定位上,野三关地区是恩施州的州域副中心,具有很大发展潜力,总体来看,野三关地区和利川市具有对比研究的可行性。

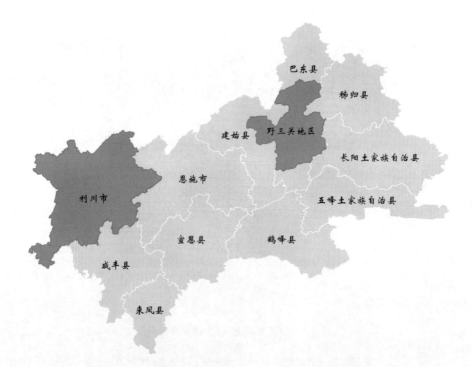

图 6-4　利川市和野三关地区在鄂西武陵山区的相对区位

表 6-2　利川市与野三关地区民宿旅游概况对比

名称	面积	交通关键站点	旅游景点数量	民族文化	现有民宿数量
利川市	4600平方千米	G50 沪渝高速出入口、恩广高速出入口利川站	90 个	土家族、苗族	1379 家（截至 2018 年）
野三关地区	2561.48平方千米	G50 沪渝高速出入口、巴东站	56 个	土家族、苗族、廪君文化	48 家（截至 2018 年）

　　从高德地图获取利川市和野三关地区的 POI 数据，运用 ArcGIS 软件对民宿点的空间分布位置进行可视化，生成结果如图 6-5 所示。

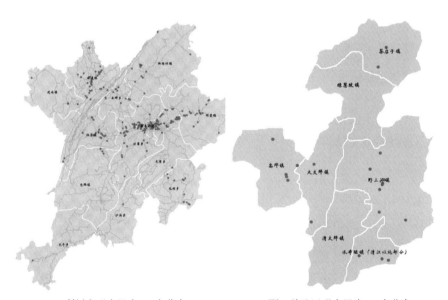

(a) 利川市现有民宿POI点分布　　　　(b) 野三关地区现有民宿POI点分布

图 6-5　研究区域现状民宿点可视化

　　对比利川市民宿的空间分布，可以看出野三关地区的民宿规模还很小，难以满足未来庞大的旅游需求。譬如野三关镇于 2018 年 8 月举办了首届国际半程马拉松比赛，当时正值旅游高峰期，游客规模的急剧膨胀给当地的民宿服务设施带来了巨大的需求压力,多数民宿聚集地出现基础设施配套服务跟不上的局面。民宿数量和基础配套设施的不足成了制约当地旅游发展的短板,以体验乡村田园风光、休闲度假为目的的民宿旅游面临巨大的供给缺口。除此之外,经过实地走访调研,发现当地很多民宿建筑缺乏特色,选址的周边环境位于闹市中心,无法为游客提供一个休闲惬意的住宿环境,也有个别的民宿选址过于偏远,交通条件严重制约了对游客的吸引力。

从规模、空间分布、选址环境等方面可以看出,野三关地区的民宿选址缺乏前瞻性,未来需要科学合理地规划布局,可运用预测模型辅助民宿选址。

6.1.2 民宿数据来源与搜集

野三关地区民宿样本数据主要源自高德 POI 数据类型、OSM (OpenStreetMap)的道路网络数据、地理空间数据云的 DEM 高程数据和 Landsat8 遥感影像等几个数据源。交通站点、景点、休闲设施点等 POI 数据主要获取于高德开放平台(图 6-6)。

通过实地走访调研和高德地图获取民宿建筑风格,以及对鄂西武陵山

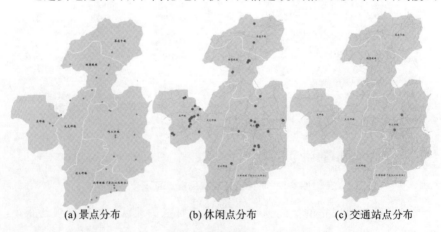

<table>
<tr><td>(a) 景点分布</td><td>(b) 休闲点分布</td><td>(c) 交通站点分布</td></tr>
</table>

图 6-6　野三关地区部分 POI 点分布

区的建筑风格进行类型识别,野三关地区的民宿建筑主要分为传统土家族建筑、具有文化特色的建筑、普通现代洋房。

野三关地区的景点数据包括 POI 数据,通过筛选,剔除了广场和公园等城市建设景点,并且与巴东县当地旅游局工作人员进行沟通确认,最后确定了 56 个景点。

野三关地区的民俗文化较为丰富。"撒尔嗬"(土家族语)是一种具有当地文化特色的舞蹈[2],"跳撒尔嗬"又叫"跳丧鼓"[3]。野三关镇是民间流传跳丧舞的故乡。其他镇区有山歌、民族舞蹈等多种形式的民俗活动。野三关地区的非物质文化遗产、特色农事庆典、民宿体育活动、农耕习俗等各种当地民俗文化如表 6-3 所示。

表 6-3　野三关地区各乡镇民俗文化活动汇总

乡镇名称	民俗文化
野三关镇	野三关撒尔嗬、土家族山寨过嘎嘎
高坪镇	八角村是省级非物质文化遗产《闹年舞》《南乡锣鼓》的发源地。高坪闹年歌、陶瓷罐罐泡茶、吃年猪饭、家家都有小石磨
花坪镇	农民喜打"薅草锣鼓",还伴有高腔或平腔山歌。"号子",烧香蜡、纸钱祭鲁班,"年小月半大"
大支坪镇	传统的"十姊妹""十弟兄"等优秀少数民族歌曲、"肉莲湘"等少数民族舞蹈、清江丝弦和撒尔嗬
茶店子镇	千人牛肉宴
绿葱坡镇	—
水布垭镇	土家族祖先廪君祭祀礼、湖北廪君文化
清太坪镇	古银杏群落

6.2 野三关地区现有民宿选址适宜性验证

6.2.1 现有民宿数据集的构建

通过实地走访和网上搜索,获取现有民宿的建筑特色数据。以穿心岩村民宿(图6-7)和文缘客栈(图6-8)为例,穿心岩村民宿建筑的坡屋顶、檐角、栏杆、门楼带有土家族建筑的符号形式,具有民族特色,文缘客栈由普通的现代洋房改造而来,整体建筑风格失去了地域特色,且没有独特新意。

图6-7 穿心岩村民宿实景照片

通过利用 ArcGIS 对野三关地区 Landsat 8 遥感影像进行监督分类,获取野三关地区的农田和森林土地利用类型(图6-9),并且利用 ArcGIS 的领域分析工具,分别计算民宿点至农田、森林的直线距离。利用 ArcGIS 构建网络数据集,包括野三关地区的道路网络、现有民宿点、景点、休闲设施点、餐饮点、购物点、医疗点、交通关键站点等矢量数据,利用网络分析模块中"新建最近设施点"求解程序,该求解程序可测量"事件点"和"设施点"间的行程成本，然后确定最近的行程。阻抗设置为"分"，分别生成民宿点至最近景点、休闲设施点、餐饮点、购物点、医疗点、交通关键站点的路径，该路径即为车程数据。

图 6-8　文缘客栈民宿实景照片

(a) 农田分布　　　　　　　　　　　(b) 森林分布

图 6-9　野三关地区农田和森林土地利用类型分布

野三关地区现有民宿至最近景点和休闲设施点路径如图 6-10 所示。

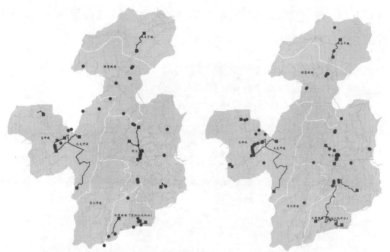

(a) 现有民宿至最近休闲设施点路径   (b) 现有民宿至最近景点路径

图 6-10　现有民宿至最近景点和休闲设施点路径

野三关地区现有民宿至交通关键站点路径如图 6-11 所示。

图 6-11　野三关地区现有民宿至交通关键站点路径

现有民宿游客评分如表 6-4 所示。

表 6-4　现有民宿游客评分

POI 名称	地址	游客评分
朱砂土驿栈	茶店子镇巴人河景区大门口左侧 100 米	3.8
喜来乐农庄	高坪大道西 50 米	4.3
小芳客栈	野三关镇发展大道 102 号	4.5
巴东客临顿庄园	大支坪镇平安大道 52 号	4.7
知了民宿	谭家村社区业 2 路	4.5
穿心岩村民宿	野三关镇穿心岩三组十八号	4.9
大洲民宿	纱帽山村三里荒	4.8
百味源客栈	金店街南 100 米	4.3
升凤民宿	巴野公路附近	4.7
丹青芳园民宿	枫木村四组 38 枫木村村委会附近	4.1
龙门峡客栈	清太坪镇谭家湾村	3.0
世纪金源民宿	水布垭镇清江大道 54 号	3.4
聚福楼	武落钟离路 3 号附近	4.0
山城人家	野三关镇高速出口 150 米	2.5
春之家	将军路西 100 米	4.0
绍山湖候鸟小院避暑民宿	野三关镇石桥坪居委会四组	4.9
文缘客栈	青里坝村八组	4.5
卡友驿站	高坪镇麻札坪村二组	4.7
聚丰源农庄	高坪镇高坪大道 26 号	4.7
鑫楠客栈	平安大道东 50 米	4.4

最终构建的部分现有民宿自变量因子数据集如表 6-5 所示。

表 6-5 部分现有民宿自变量因子数据集

民宿建筑特色	传统民俗活动数量/个	至森林直线距离/米	至农田直线距离/米	至交通关键站点的车程/分	至最近受欢迎景点的车程/分	至最近休闲设施的车程/分
1	1	94.55	10.00	104.38	13.63	8.45
0	1	47.07	10.00	93.50	0.39	4.80
0	1	74.43	17.76	21.54	20.74	0.92
0	2	50.57	25.71	15.50	14.70	2.86
0	1	266.41	87.45	5.60	4.21	0.98
0	1	40.21	10.00	12.21	1.65	1.07
0	0	82.24	10.00	38.55	9.70	4.67

6.2.2 现有民宿选址适宜性验证

运用第 5 章得到的民宿选址预测模型,对现有民宿的游客评分进行预测,得到结果如表 6-6 所示。

表 6-6 现有民宿游客评分预测

POI 名称	地址	实际评分	预测评分
朱砂土驿栈	茶店子镇巴人河景区大门口左侧 100 米	3.8	3.94
喜来乐农庄	高坪大道西 50 米	4.3	4.06
小芳客栈	野三关镇发展大道 102 号	4.5	4.36
巴东客临顿庄园	大支坪镇平安大道 52 号	4.7	4.57
知了民宿	谭家村社区业 2 路	4.5	4.41
穿心岩村民宿	野三关镇穿心岩三组十八号	4.9	5.17
大洲民宿	纱帽山村三里荒	4.8	5.03
百味源客栈	金店街南 100 米	4.3	4.49
升凤民宿	巴野公路附近	4.7	4.70
丹青芳园民宿	枫木村四组 38 枫木村村委会附近	4.1	3.96
龙门峡客栈	清太坪镇谭家湾村	3.0	2.92
世纪金源民宿	水布垭镇清江大道 54 号	3.4	3.20

续表

POI 名称	地址	实际评分	预测评分
聚福楼	武落钟离路 3 号附近	4.0	3.91
山城人家	野三关镇高速出口 150 米	2.5	2.34
春之家	将军路西 100 米	4.0	3.85
绍山湖候鸟小院避暑民宿	野三关镇石桥坪居委会四组	4.9	4.91
文缘客栈	青里坝村八组	4.5	4.49
卡友驿站	高坪镇麻札坪村二组	4.7	4.57
聚丰源农庄	高坪镇高坪大道 26 号	4.7	4.64
鑫楠客栈	平安大道东 50 米	4.4	4.18

通过跟实际游客评分比较发现,预测的游客评分和真实值的误差较小,整体来看,该模型的预测结果还是比较准确的。

从现有民宿的预测评分来看,排名前三的是穿心岩村民宿、大洲民宿和绍山湖候鸟小院避暑民宿。野三关地区现有民宿实际评分较高的是穿心岩村民宿、绍山湖候鸟小院避暑民宿、大洲民宿,与预测的前三名相同。这三个民宿虽然均位于村庄,但是交通条件都较为便捷,距离交通关键站点、景点、休闲设施点都很近,自驾车车程都在 15 分之内,民宿建筑都具有自身特色,传统民俗活动也比较丰富,周边都保留了自然的乡土环境,这为民宿选址提供了很多借鉴的思路。

6.3　野三关地区民宿选址预测及建议

6.3.1　民宿候选点的选取

对民宿候选点的选取以村庄为单位,实地走访调查与网上资料搜集相结合,按照"特色村寨、贫困村、中心村、基层村"的顺序选取目标村庄点,缩小民宿点候选范围,结合当地农房闲置情况,从各个目标村庄选择一座民居建筑,最后遴选 120 个民宿候选点,候选点空间分布如图 6-12 所示。

图 6-12　民宿候选点空间分布

6.3.2　候选民宿数据集的构建

6.2 节的验证表明利用民宿选址预测模型预测较为准确、合理,本节基于民宿候选点建立数据集,应用该模型对 120 个民宿候选点的游客评分进行预测。并且利用 ArcGIS 的领域分析工具,分别计算民宿候选点至农田、森林的直线距离。利用 ArcGIS 构建网络数据集,包括野三关地区的道路网络、民宿候选点、景点、休闲设施点、餐饮点、购物点、医疗点、交通关键站点等矢量数据,利用网络分析模块中"新建最近设施点"求解程序,该求解程序可测量"事件点"和"设施点"间的行程成本,然后确定最近的行程。阻抗设置为"分",分别生成民宿点至最近景点、休闲设施点、餐饮点、购物点、医疗点、交通关键站点的路径,该路径即车程数据。

野三关地区民宿候选点至最近景点和休闲设施点路径可视化如图 6-13 所示。

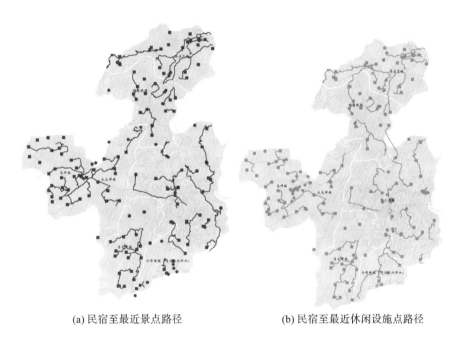

(a)民宿至最近景点路径　　　　　(b)民宿至最近休闲设施点路径

图 6-13　野三关地区民宿候选点至最近景点和休闲设施点路径可视化

野三关地区民宿候选点至最近交通关键站点路径可视化如图 6-14 所示。

图 6-14　野三关地区民宿候选点至最近交通关键站点路径可视化

最后构建的民宿候选点自变量因子数据集如表 6-7 所示。

表 6-7　民宿候选点自变量因子数据集

民宿建筑特色	民俗活动数量/个	至森林直线距离/米	至农田直线距离/米	至交通关键站点的车程/分	至最近受欢迎景点的车程/分	至最近休闲设施的车程/分
1	1	94.55	10.00	104.38	13.63	8.45
0	1	47.07	10.00	93.50	0.39	4.80
0	1	74.43	17.76	21.54	20.74	0.92
0	2	50.57	25.71	15.50	14.70	2.86
0	1	266.41	87.45	5.60	4.21	0.98
1	3	65.01	10.00	3.98	3.18	1.80
0	1	37.19	63.81	34.91	8.06	22.80
0	0	8.53	10.00	73.21	4.77	59.83

6.3.3　候选民宿选址预测与分析

运用第 5 章得到的民宿选址预测模型,对民宿候选点的游客评分进行预测,得到部分结果如表 6-8 所示。

表 6-8　部分民宿候选点的预测评分

序号	乡镇	候选点名称	预测评分
1	野三关镇	谭家村民宿候选点	4.70
2	大支坪镇	袁家坝民宿候选点	4.81
3	大支坪镇	堰塘坪民宿候选点	3.80
4	大支坪镇	柏杨坪民宿候选点	4.41
5	大支坪镇	长岭岗民宿候选点	3.74
6	大支坪镇	西流水民宿候选点	4.80
7	绿葱坡镇	范家坪民宿候选点	3.76
8	绿葱坡镇	肖家坪民宿候选点	3.80
9	绿葱坡镇	中村民宿候选点	3.92
10	绿葱坡镇	庙垭子民宿候选点	4.05
11	绿葱坡镇	冯家湾民宿候选点	2.17
12	清太坪镇	桥河民宿候选点	4.02
13	清太坪镇	姜家湾民宿候选点	4.99
14	清太坪镇	红岩村民宿候选点	4.17
15	清太坪镇	史家村民宿候选点	4.50

对民宿候选点的游客评分空间分布如图 6-15 所示。

根据表 6-9 整体来看,民宿评分的数量呈纺锤形,3 分以下和 4.5 分以上的各占全部候选民宿总数的 15%,70% 的民宿评分为 3~4.5 分。其中,4.5 分以上的民宿候选点共计 18 个,集中在野三关镇(7 个)、大支坪镇(4 个)、清太坪镇(3 个)、高坪镇(4 个);3 分以下的民宿共计 18 个,主要分布在绿葱坡镇(4 个)和茶店子镇(14 个);3~4.5 分的民宿在各个镇均有分

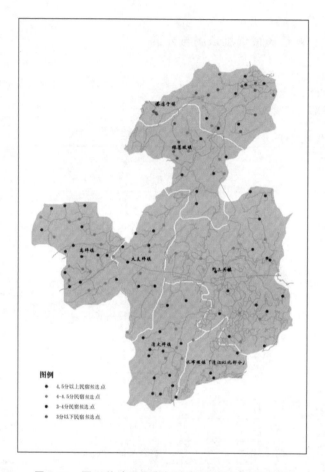

图例
● 4.5分以上民宿候选点
● 4-4.5分民宿候选点
● 3-4分民宿候选点
● 3分以下民宿候选点

图 6-15 野三关地区民宿候选点游客评分空间分布

布;3~4 分民宿共计 48 个;4~4.5 分的民宿共计 36 个。结合野三关地区的资源现状,对民宿选址预测结果进行分析,由表 6-9 可知,4 分以上的民宿野三关镇和高坪镇最多,4.5 分以上的民宿野三关镇最多。这个结果符合当地民宿旅游资源现状:野三关镇的民俗文化最为丰富,区位交通条件相比其他乡镇均占有优势,景点资源和休闲设施在数量上的发展较其他乡镇更为成熟,野三关镇民宿在建筑特色和自然地理环境条件方面与其他乡镇水平不相上下。

因此,综合来看,野三关镇会比其他乡镇有发展民宿旅游的优势。绿葱坡镇和茶店子镇的整体民宿评分远低于其他乡镇,通过分析发现,当地交通条件、旅游景点开发、休闲设施、民俗文化旅游价值开发都滞后于其他乡镇发展水平,当地交通条件受限于山区环境,断头路居多,很少能形成环路,且交通网密度远低于野三关镇,绿葱坡镇虽然有森林花海、滑雪场等特色景点资源,但是刚刚起步,配套的休闲服务类设施还未成熟。水布垭镇(清江以北部分)的民宿评分整体表现水平也不是很理想,在野三关地区位于中下游水平,当地的民俗文化氛围比较浓郁,旅游景点等都发展得较为成熟,但是民宿候选点大部分处于异地搬迁的村庄,建筑特色缺失,自然地理环境没有原村落所在地有优势,交通条件相对于其他乡镇也不具有竞争优势,该地的民宿建筑特色有待提升。

表 6-9　民宿候选点在各乡镇分布数量统计

乡镇名称	3分以下民宿	3~4分民宿	4~4.5分民宿	4.5分以上民宿	合计
野三关镇	0	8	7	7	22
大支坪镇	0	4	5	4	13
清太坪镇	0	11	6	3	20
高坪镇	0	9	12	4	25
水布垭镇(清江以北部分)	0	3	1	0	4
绿葱坡镇	4	6	4	0	14
茶店子镇	14	7	1	0	22
合计	18	48	36	18	120

6.3.4　候选民宿选址建议

对民宿选址规划建议如下。

(1)根据民宿的预测评分结果,可先在野三关镇进行民宿的选址布点,该地区民宿旅游资源比其他地区有优势,可以起到带头示范作用。

（2）对绿葱坡镇和茶店子镇的休闲度假设施及景点资源进行深度挖掘，改善交通状况，传统民俗活动的旅游价值开发需要进一步培育。

（3）对水布垭镇的民居建筑进行摸底排查，对有价值的土家族民居建筑进行修缮保护，打造几个有代表性的民宿示范点。利用民宿的标杆效应，呼吁村民和当地政府重视地域建筑文化，从而提高民宿建筑载体的品质。

（4）各乡镇的民宿旅游资源条件各有特色，在后期的选址布局中，需要考虑各地区的民宿定位，扎根于各自的文化、产业和自然资源特色，差异化发展，避免后期的同质化竞争。

本章参考文献

［1］ 余波. 湖北巴东野三关古镇研究［D］. 武汉：武汉理工大学，2007.

［2］ 向弘. 时代流变中撒尔嗬的嬗变——以巴东县野三关镇为例［J］. 宁波广播电视大学学报，2014，12（2）：80-83.

［3］ 杜帮云. "撒尔嗬"及其民族伦理意蕴［J］. 理论界，2009（1）：163-164.

第 7 章　结语

7.1 全文总结

本文以鄂西武陵山区的民宿选址布局问题为研究对象,通过对民宿发展概况的分析,鄂西武陵山区民宿旅游问题与需求的分析,民宿选址问题的研究,民宿选址指标因子的论证,民宿选址的空间分布规律的探究,民宿选址预测模型的构建、验证和预测等,对民宿选址展开深入研究。具体研究内容如下。

首先,通过从宏观的民宿发展聚焦到具体地区民宿实践,且从民宿的现实问题和诉求导向之下抽取出民宿选址问题,为民宿选址布局问题奠定一个较为坚实的研究基础。在宏观视角之下,本研究从民宿概念定义和发展脉络、民宿政策管理、民宿类型和产业融合发展、民宿的乡土文化内涵与民宿案例研究等多方面建立起对民宿的立体认知。在此基础上,本研究的范围聚焦到鄂西武陵山区,通过对该地区的民宿旅游发展背景、基础条件进行分析,归纳总结该地区民宿发展的类型及特征,剖析民宿的现状问题及发展诉求,从而对该地区的民宿发展态势形成一个较为全面客观的认知。结合民宿发展的宏观趋势,在该地区民宿的现实问题和诉求导向下,研究方向聚焦为鄂西武陵山区民宿的选址布局模型的构建研究,通过对民宿选址相关文献进行梳理分析,整合现有选址方法的理论和技术工具,为本研究选址方法的筛选提供一个可靠的基础来源。

其次,运用德尔菲法确立民宿选址的指标因子体系。通过运用德尔菲法对选定专家进行两轮函询,结合相关的文献研究,设计民宿选址意向问卷

150

调查表,并根据数据分析专家对影响因素的重视程度和共识程度,从而确定影响民宿选址的影响因子。根据调查的结果分析,影响因子主要包括民宿建筑特色、民宿所在地的自然乡土特征(山水林田)、民宿至受欢迎景点的便捷性、民宿周边休闲设施配套、民宿周边餐饮设施配套、民宿周边购物设施配套、民宿周边医疗服务设施配套、民宿所在地的民俗文化氛围、交通便捷度 9 个因子。该指标因子体系可以作为民宿选址模型的基础。

再者,基于多元线性回归方法,将发展成熟的利川市民宿作为样本,构建民宿选址预测模型。搜集利川市民宿选址的指标因子数据,建立利川市民宿样本数据集;利用 GIS 空间分析工具,将民宿选址变量因子量化;基于多元回归方法原理,运用 SPSS 软件,对因变量和自变量因子的相关关系进行分析,最后通过至最近休闲设施的车程、至交通关键站点的车程、传统民俗活动数量、至最近受欢迎景点的车程、至农田直线距离、民宿建筑特色、至森林直线距离与游客评分建立选址回归预测模型。并且对选址回归预测模型进行参数检验,校正回归预测数据,最后得出合理的民宿选址回归预测模型。

最后,运用民宿选址预测模型,对民宿发展滞后野三关地区的民宿选址进行验证和预测。具体过程如下。(1)阐述了野三关地区现有民宿和民宿候选点各自的自变量因子数据集的构建过程。(2)根据民宿选址预测模型对现有民宿的游客评分进行验证,验证模型的准确性之后再对民宿候选点的游客评分进行预测。(3)对野三关地区的预测结果进行分析,并提出相应的规划选址策略,为该地区的民宿选址决策提供技术参考。

7.2　民宿发展思考

从民宿自身发展来看,民宿发迹于 20 世纪 80 年代,经历了三大发展阶段。以农家乐、家庭旅馆为主要特征的萌芽阶段;以产权和经营权分离、依赖"主人文化"的发展阶段;以高端化、专业化、品牌连锁化为特征,以民宿群

落为主的拓展升级阶段。这背后的推动因素是旅游消费的不断升级。民宿的飞速发展一开始"倒逼"着政府政策的跟进,随着民宿的发展成熟和人们对民宿的认知不断深化,政策制定需要作出前瞻性的规划,民宿扶持政策和规范化管理标准是民宿得以长远发展的稳定器。民宿的经营模式和功能类型随着民宿旅游的发展,正在发生着深刻的改变。民宿旅游的开发对乡村资源、民宿经营模式和管理水平、乡村风貌、乡土文化等具有重要的价值和意义。乡村的空心化趋势愈发严峻,闲置的农村住宅成为普遍现象。在这种背景下,民宿的介入,可以有效盘活农村的闲置资源,并且可以深入挖掘与民宿旅游相关的资源潜力,激活乡村产业,从而形成以民宿旅游为核心的完整的产业链体系,带动乡村经济发展。民宿在发展过程中,逐渐由单一的以农民为主要经营主体转变为多种经营主体并存的发展模式,这对民宿的管理和当地旅游业服务水平的整体提升具有重要意义。在民宿旅游的开发过程中,乡村风貌的原真性和建筑风貌的独特性是民宿作为旅游吸引物的价值所在。民宿作为非标准住宿业,强调个性化和品牌化的设计和运营思路,有力地推动了乡土风貌的有机生长。与乡村风貌密不可分的是乡土文化,民宿的崛起在某种程度上让人们重新认知和审视乡土文化内涵的价值。文化正是乡村的灵魂,唯有珍视文化,乡村的生命才不会逝去,民宿才能健康发展。

本文研究聚焦的是鄂西武陵山区的民宿发展,鄂西武陵山区是一个民族聚居地区,也属于"集中连片特困"山区,具有地理、民族、文化和经济的复杂综合的地域概念。该地区的民宿无论是选址,还是后期建设和运营,都离不开当地的民俗文化氛围、政策条件、独特的避暑气候、民族旅游资源、基础服务设施配套、交通区位和周边自然地理环境等因素,该地区民宿的选址跟当地休闲业态、交通可达性、民俗文化氛围、旅游景点资源的可接触度、周边自然田园风光、民宿建筑特色等紧密联系。其中,周边自然田园风光属于不可移动资源,因此民宿的周边地块环境一般具有较高的门槛。旅游资源部分属于不可移动资源,可以通过改善交通条件和挖掘潜在景点价值增加旅游资源的可接触度,休闲业态、交通可达性和民俗文化氛围等要素需要当地村民和政府与相关旅游公司共同合作,完善民宿的外部环境条件。鄂西武陵山区的避暑休闲产业较为成熟,可以以此为基础,来扩大、丰富相关的休闲产业业态,交通是该地区旅游发展的最大瓶颈,减少断头路、增加路网密度、增加道路宽度和扩大静态停车容量是未来优化的主要方向。民俗文化活动是开发旅游资源和宣传地区旅游形象的重要媒介,通过民俗活动带来的经济收入,能够引起当地居民的文化自觉,从而重视文化价值,增强对家乡民俗文化的认同感。民宿的建筑主体是当地居民住宅,建筑特色的塑造是指民宿经营者在尊重当地建筑风貌的基础之上,对建筑风格进行合理地创新和改造,从而达到吸引旅游者的目标。

选址只是完成了民宿发展的第一步,后期的建设和运营也需要结合当地客观条件,制定合理的发展思路。当地的民俗文化和旅游资源面临着同质化开发的困境,民宿作为当地旅游发展的重要力量,利用自身的个性化、精品化运营服务路线,挖掘各个地区的特色文化资源,促进鄂西武陵山区形成特色鲜明和百花齐放的旅游局面,优化民宿的政策环境,明确政策的扶持方向,强化管理制度的可实施性,丰富民宿所在地的休闲业态,完善民宿的基础服务设施建设,促进民宿的集聚发展。

7.3　展望

本研究的民宿选址模型是一种对象单一、静态单向输出的模型。对象单一指两个层面:第一个层面指本文乡土语境下的民宿定位是田园风光型民宿,随着未来旅游产业的兴起,一些产业依托型民宿、村寨科考型民宿也会有成长的空间,未来民宿会朝着多元化方向发展;第二个层面指目前的民宿都是按照一系列纯粹孤立的点去考虑的,忽略了民宿之间的竞争关系和民宿形成规模之后的集聚效应。静态单向输出指在本研究中只考虑了各个自变量因子对民宿游客评分的影响,忽略了民宿对这些影响因素带来的反馈作用,例如一个民宿的兴起对周边环境的带动作用,本研究的模型无法预

测这种动态复杂的问题。

除此之外,变量因子的量化过程均存在不足。在自变量因子的量化过程中,对道路可达性进行测度时虽然考虑了道路等级和车速等因素,但没有考虑山区道路的坡度因素和一些特殊地段的车速限制(例如一些危险的转弯山路),而且忽略了旅游旺季的高峰拥堵现象,不能充分保证鄂西武陵山区交通便捷性测度的精确性;因变量的量化形式是游客评分,这个基于游客视角导向下的民宿选址与最优模型还存在一定差距,因为游客的主观感受会带来一些偏差,无法完全客观地反映出自变量和因变量之间的关系,例如入住率和民宿经济收入也可以作为因变量进行分析研究。

针对民宿选址布局问题的研究还需要进一步地深入完善和改进,具体可以从以下两个方面着手。

(1)完善民宿选址优化的方法。随着人们对民宿品质要求的不断提升,民宿目标也在发生变化,民宿选址布局规划中需要更为精确和科学的方法,例如和人工智能算法的结合。

(2)综合考虑更多的因素。民宿选址布局在现实中所受的影响因素有很多,为了保证民宿选址布局更加具有科学性,应综合考虑最新的道路交通状况、行车时间、产业要素,以及民宿之间的竞争力和集群效应等因素。

附 录

民宿建筑
设计专辑

项目名称:大地乡居·龙船调小镇。

设计单位:北京大地乡居旅游发展有限公司。

项目地点:湖北省恩施州利川市白鹊山村。

建筑面积:2000平方米。

委托时间:2016年。

开业时间:2017年11月。

湖北省恩施州　　恩施州利川市

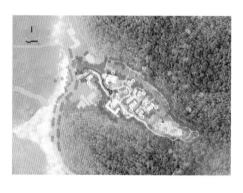

该项目结合利川市的土家族民俗文化、溶洞地貌和优良的生态农业基底,通过对"龙船调"这一优势地域文化品牌加以创新演绎,打造独具文艺气息的精品民宿度假项目,构建集乡村社交、农礼开发、有机餐饮、乡土教育、亲子游乐等多功能于一体的乡村休闲综合体,打造独具利川市地域文化特色的后乡土生活方式空间。这个项目由一首歌的缘起到新乡土生活方式的构建过程,也是该项目从策划、规划、设计再到落地、运营的一个完整周期。关于这个项目的场所设计属于整个项目周期的一个阶段,旨在为即将发生在这里的一切构建一个最适宜的载体。不同于城市设计中统一化、均值化的设计方式,所有的空间尺度全都规定为所谓标准的"适宜尺度""合理尺度"。多数的村落建筑有着不相同的朝向,不存在一点透视中心,相反却产生了不同向度的散点透视,这和中国古画的空间布局很像,没有强调"正面性"象征性建筑,没有最重要的部分和次要的部分。这样反而使空间的丰富性和趣味性更加饱满。在做场地规划时,我们尊重原住乡民的择居智慧,在原有布局基础上进行必要的调整,以满足大地乡居度假生活方式的需求。

　　该设计方案中提倡运用现代新生材料,但尽量在建造过程中将废弃的老建筑材料做合理化运用,让材料生命得以延续。这符合农村就地取材、物尽其用的建造方式。当地民居房前屋后堆着的废旧瓦片,有着精美纹样的旧窗框,以及随处可见的泥墙、土砖,这些老房子上的材料和现代施工工艺中常用的钢构一起被用到了新房子上,古朴而时尚。设计师根据当地多雨阴湿的特点适当调整了传统建筑中的窗墙关系,强化了功能性,也保证了形式上的本土性。本设计在建筑布局上以半围合空间的打造,辅以隐蔽与开放空间的相互渗透,实现新旧乡民的平衡。新乡土生活的营造使游客的到来不仅仅作为游客的身份,更确切地说是作为住客——新乡民参与到乡村生活中,而这种参与是在既保证住客私密空间与独立属性的前提下,又能提供住客与当地居民的交流与互动渠道。

项目名称:巴东县野三关镇凉伞坡民宿示范中心。

设计单位:北京中厦建筑设计研究院有限公司。

项目地点:湖北省恩施州巴东县野三关镇凉伞坡村。

建筑面积:2121 平方米。

委托时间:2018 年。

湖北省恩施州　　　恩施州巴东县

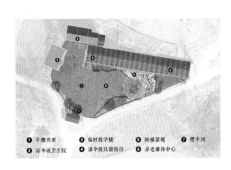

❶ 牛棚书屋　　❸ 临时教学楼　　❺ 阶梯景观　　❼ 撂手坪
❷ 凉伞坡卫生院　❹ 凉伞坡民宿接待　❻ 养老康体中心

该项目位于恩施州巴东县凉伞坡村,改造的建筑原为凉伞坡村一座废弃的希望小学。该希望小学内部建筑群主要由两幢老旧教学楼、一幢新建校舍、一幢新建餐厅、一幢自建土坯牛棚五部分构成。由于场地内部建筑新旧程度不一,新建建筑与原有小学老旧建筑风格差异较大,较显突兀,不利于村落景观风貌的整体构建。而老旧建筑外立面保存良好,但建筑内部破败较严重,建筑结构也存在一定的问题。对于三层教学楼的建筑体,外立面保存良好;两层教学楼建筑外立面保存良好且具有土家族建筑特色,但其内部破败较严重,建筑结构存在一定的问题,在改造时需对其进行结构上的加固与调整;希望小学门口的牛棚基底为石头,建筑上部分为夯土结构;建筑内部标高低于外部标高,容易造成积水,土墙出现裂缝,需要加以改造;此外,建筑后方存在 6 棵水杉,具有良好的场所感。本设计方案遵循三大原则:尊重地域特征,提炼本土设计元素;优化场地功能,打造多样活动空间;提升场地品质,展示村镇文化形象。在三大原则的基础上将场地打造为村域服务中心、民俗活态展示区、文化教育基地。

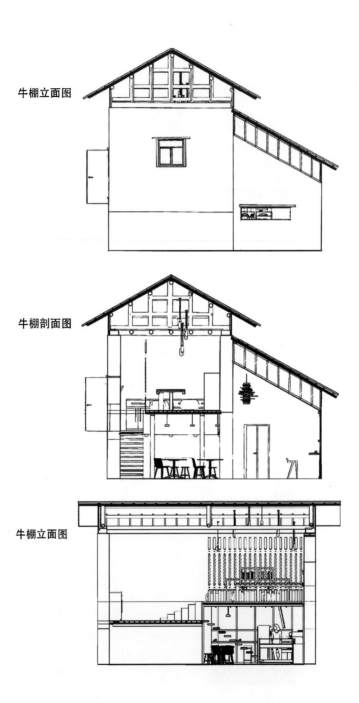

牛棚立面图

牛棚剖面图

牛棚立面图

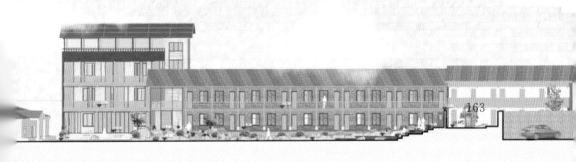

163

本方案针对场地现状问题进行总结,可归纳为建筑、景观、人文三大板块。(1)在建筑上,首先,完成功能上的转变;其次,由于场地内部并不是全部平整,在建筑内外空间的高差上需要有衔接的设计;最后,小学内部新旧建筑在风貌上存有冲突。因而针对该板块,本方案在建筑内部将完成民宿空间功能的置换与改造,满足游客多功能的空间需求,并同时尊重历史,通过对建筑外立面的梳理与统一完成建筑间的新旧对话。(2)在景观上,首先需要考虑的是设计场地内外交通的连接性,其次是场地内外的高差处理,最后是现状环境要素的运用与调整。因此,本方案在景观部分秉持服从人流与车流走向的理念,重新调整乡道宽度与场地内部园路宽度,使道路空间尺度宜人。另外,对于场地内部的高差地形,将打造为台地式的景观,为场地内部创造更有层次感和丰富多变的开敞式公共空间。此外,对于场地内部的植物,方案设计时将对它们进行保留并作为乡土记忆的要素。(3)本设计对于人文板块,为了避免土家族特征的流失,该方案在建筑结构、景观小品及民宿的标示系统等方面引入了土家族传统文化纹样与符号要素,使前来的游客可以感受到浓厚的土家族文化。

浙江省金华市

项目名称:武义梁家山清啸山居民宿。

设计单位:尌林建筑设计事务所。

项目地点:浙江省金华市武义县梁家山村。

建筑面积:320平方米。

设计时间:2016年10月—2017年9月。

建造时间:2017年9月—2019年5月。

该项目基地位于浙江省金华市武义县梁家山村,村中建筑依山而建,大部分建筑都是木结构夯土墙,一条小溪穿过村落,溪边古树尚存。清啸山居坐落于村庄的古树旁小溪边,小溪对岸就是梯田和环山,背靠整个村落和大山,是理想的隐居之所,场地原址有一栋三开间两层高的夯土房和一个小公厕,夯土房墙面已经大面积开裂,墙体倾斜外扩,综合考虑各方面因素,我们决定将其拆除重建。场地上的原建筑体块分布呈围台状,一栋三开间的夯土主房,旁边分布三个小辅房,还有一个公厕,都落在一个两米高左右的石坎台基上,与旁边的道路小溪呈阶梯状关系,边界呈锯齿状,场地原建筑主房入口在建筑的背面,由北面一条小弄堂进入。项目场地位于河边最显眼的地方,在这个位置做一个民宿,应该能完全融入原村落的整体肌理和空间组织关系中。在建筑方案中延续建筑体块的内向型组织关系,保持原有组团的体块轴线关系,重新梳理建筑边界,延续和强化建筑在台基上的基地关系,重新组织村落肌理、组团空间、建筑形态、台基、巷道、小溪、梯田、环山之间的勾连关系。

166

走廊墙身详图

1. 屋顶

200mm*200mm小青瓦
30mm*30mm挂瓦条
3mmSBS防水卷材
20mm木望板
30mm木龙骨空腔
20@600龙骨空腔走管线
20mm木顶板
40*40@120木椽

2. 阳台

20mm防腐木地板
40*30木龙骨
3mm柔性防水涂料
80mm现浇水泥模板
30mm压型钢板
120*60*8工字钢梁
40*40mm木龙骨
12mm老木板吊顶

3. 走廊

20mm菠萝格室外地板
40*30木龙骨
10mm现浇混凝土
素土夯实

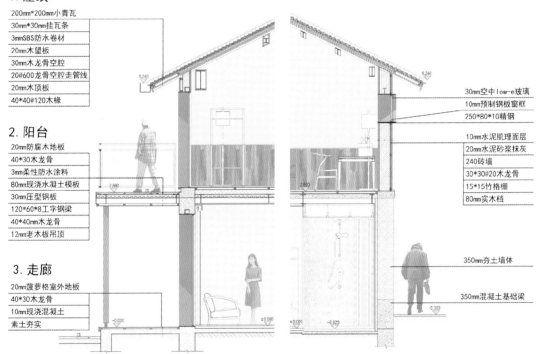

30mm空中low-e玻璃
10mm预制钢板窗框
250*80*10精钢

10mm水泥肌理面层
20mm水泥砂浆抹灰
240砖墙
30*30@20木龙骨
15*15竹格栅
80mm实木档

350mm夯土墙体

350mm混凝土基础梁

结构分解示意

首层平面图

二层平面图

屋顶平面图

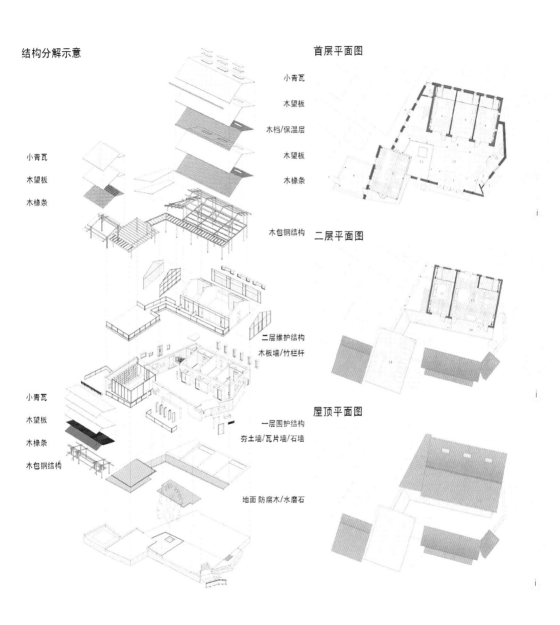

小青瓦

木望板

木档/保温层

木望板

木椽条

木包钢结构

小青瓦

木望板

木椽条

二层维护结构

木板墙/竹栏杆

一层围护结构

夯土墙/瓦片墙/石墙

小青瓦

木望板

木椽条

木包钢结构

地面 防腐木/水磨石

169

　　村子中的房屋基本都是依山而建,而且多为夯土房,为了防潮,自然形成很多阶梯状台地,房屋都建在一个个石砌台地上。基地处原建筑也是建造在一个石砌台地之上,台基下方是一条沿溪村道,溪流与村道又有比较大的高差,所以场地处就形成了多层级、高差大的阶梯状台地关系。建筑的主入口设置从下面村道处进入,便出现了入口处的三次转折来消化地形的高差关系,一段为石板铺设的坡道,上坡道后一条路经顺势通往邻家,一条折回,几个石条踏步进入建筑入口处,进门后,转向又行几个踏步进入庭院,入口处有一种婉转上山的体验,也是台地高差所带来的路径变化,延续了在古村中行走的体验。

南北向剖面图

南立面图

夏天中午室外的温度很高,在其他的房子里也感觉特别热,走入民宿,体感温度一下子就降了下来,在廊道中能感觉到对流的风,即使站在有太阳的院子里也感觉不到热,室内就更加凉爽了。本方案在建筑设计之初就考虑了其通风、采光、保温、隔热各方面的性能,建筑的体量上沿着地形关系呈阶梯状,在外围墙体上开了很多通风和视线穿透的小窗洞,空气顺着这样的空间形态产生自然风的流动,同时建筑材料也能缓解热量吸收,再加上旁边小溪的水面和古树绿荫更加强了建筑的微气候循环。

贵州省遵义市

项目名称:贵州烤烟房民宿客房。

设计人员/设计单位:傅英斌/中国乡建院。

项目地点:贵州省遵义市桐梓县。

建筑面积:14.6平方米。

建造时间:2016年3月—2016年8月。

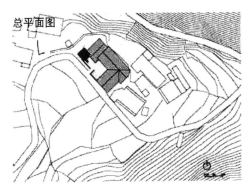

总平面图

贵州省桐梓县是中国西南的主要烟草产区之一,村子以烟草种植为主要产业,维持着手工烤烟的传统。烤烟房作为烤烟产业的重要组成部分,以其独特的外形成为该地区的特色建筑景观而存在于每家每户的院落中。随着产业转型和新型密集式烤烟房的建设,满足手工操作的传统烤烟房已经失去意义。烤烟房作为手工烤烟时代最具标志性的产业景观遗存被大量废弃和拆除。我们希望对烤烟房进行改造和更新来保留传统产业记忆,寻求烤烟房在下一个时代中存在的可能性。项目所处的村庄在国家扶贫政策的指导下,进行乡村旅游产业转型。业主的客房主体建筑已经完成,宅院旁的烤烟房废弃已久,屋顶坍塌,破烂不堪,院子里的一棵葡萄藤与烤烟房一侧的临时棚混杂交织。业主原计划将烤烟房拆除,我们介入设计后希望能将此烤烟房与其未来的民宿相结合,改造为一个特色的民宿客房,转换角色,延续其生命。

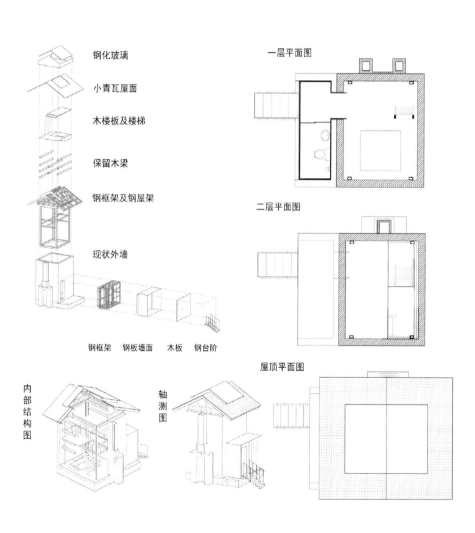

钢化玻璃

小青瓦屋面

木楼板及楼梯

保留木梁

钢框架及钢屋架

现状外墙

钢框架　钢板墙面　木板　钢台阶

内部结构图

轴测图

一层平面图

二层平面图

屋顶平面图

175

　　烤烟房标志性的外形是对于时代记忆最好的承载,因此,我们在改造过程中尽量保留了其原有外观:封闭的空间,穿插的晒烟杆,凸起的烟道,狭小的观察窗……我们对墙体进行了修复,保留了原有的材料。被留下的还有见证了烤烟房变化的葡萄藤,横向的黑色钢筋支架使其与院墙结合,与烤烟房互不干扰。改造前的烤烟房内有一把用来登高挂烟叶的木梯被保留下来,挂在黑色"功能盒子"钢板墙上。使得整个现代的构筑与时间有了对话,形成了奇妙的对比。在改造过程中,我们试图在历史与现代之间寻求一种平衡。用属于这个时代的语言对话传统,但保持谦卑,以低调的姿态与之共存。

1. 钢化玻璃屋顶
2. 小青瓦屋面
3. 钢屋架
4. 钢梁
5. 保留木梁
6. 木楼板
7. 木楼梯
8. 保留烟道
9. 钢板墙面
10. 木板
11. 钢框架
12. 钢台阶
13. 石材

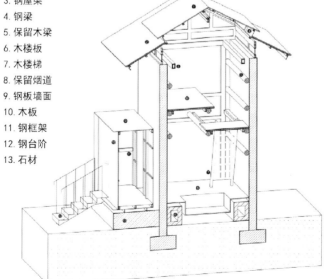

为了解决采光、通风问题,将原有石棉瓦屋面拆除,改为钢结构屋架。整个屋面在原基础上整体抬升,在屋面与墙体间形成一圈带状窗户。屋面上方设置了玻璃天窗,原本黑暗的室内变得阳光充裕且富有浪漫气息。天窗的设计,使"光"成为建筑重要的元素之一。白日云影,抑或夜晚星辰,都透过天窗成为房间的一部分。床在巨大的玻璃天窗下方,使客房成为一处极富特色的观星空间。建筑内部的暖光通过窗户散射出来,与白墙形成强烈的视觉反差。

山东省威海市

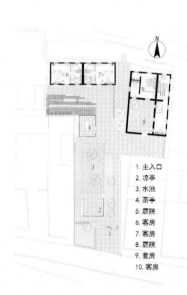

1. 主入口
2. 凉亭
3. 水池
4. 茶亭
5. 庭院
6. 客房
7. 客房
8. 庭院
9. 套房
10. 客房

项目名称: 王家疃村柿园民宿。

设计单位: 三文建筑/何崴工作室。

项目地点: 山东省威海市环翠区张村镇王家疃村。

建筑面积: 480平方米。

设计时间: 2016年12月—2018年4月。

建造时间: 2018年。

该项目位于中国山东省威海市王家疃村,是一个拥有百年历史的小村庄。一方面村庄原始格局完好,传统风貌明显,具有较高的文化和旅游价值;另一方面随着农业的衰败,人口的迁出,大量房屋闲置,活力不足。如果在保留乡村风貌和地域特色的前提下,能够提升生活环境质量,拉动乡村产业,激活乡村;在增加收入的同时,又能满足人民精致生活的需要是本项目试图讨论的命题。原有建筑为典型的胶东民居:台院形式,但不是标准四合院,一层只有正房和厢房,深灰色的挂瓦,毛石砌筑的墙体,厚重而华丽。设计师特别喜欢传统砌石工艺带来的手工美感,它与当下粗制滥造的状态形成了鲜明的对比,给人"乡愁"的同时,也唤起了人们对精致生活的遐想。树、山和石成为场地中建筑之外的重要元素,甚至是更吸引建筑师的元素。山是背景,树是前景和重要的景观元素,而石头,作为一种人与自然的中介,在建造行为中起着至关重要的作用。

在该项目改造中,着重保留了场地中的树木。树木成为设计的起点,最初的设计,新加的建筑(民宿的公共配套,包括餐饮和后勤服务)避让树木,进而环绕树木形成一个个独立又串联的院落。房、院、人、树之间形成一种正负、看与被看的关系。

本项目的设计目的是创造一种北方乡村的"野园"气息。"野"指乡野气息,不是野外;"园",不是院,它要有设计内涵,有一定的"文人气息"。亭子作为设计中新增建的内容,两个,分别位于水池的两端,它们为居住者提供了半户外的使用空间,同时也成为空间中的对景和控制点。亭子并没有简单地套用传统官式形制,而力求当代性和地域性。单坡顶,传统垒石工艺的基座配以木格栅中轴的窗扇,没有古的形式,但有乡野味道。

　　本设计并没有刻意保留原有民居灶台、火炕等元素；相反，强化了民宿的公共活动空间，增大了起居室（客厅）的面积，增加了独立的卫生间，并将起居室与休息空间巧妙串联。原有民居外观被完整保留，仅仅在入口增加钢制雨棚及休息座椅，满足新的使用功能要求。室内环境设计在强调舒适性的基础上，强调了新旧对比和乡土性。总体空间材质以白色的拉毛墙面、灰色水磨石地面，以及橡木家具为主，简单、舒适的室内空间与古朴的外部环境形成反差。